设计
Design+

空间无限力

采光照明

主题方案设计与技术

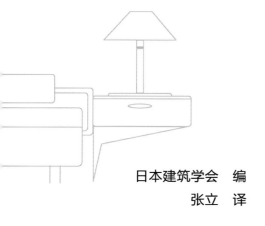

日本建筑学会 编

张立 译

机械工业出版社
CHINA MACHINE PRESS

TEMA DE TOKU HIKARI NO DEZAIN SHUHO TO GIJUTSU
edited by Architectural Institute of Japan
Copyright © Architectural Institute of Japan 2020
All rights reserved.
Original Japanese edition published by SHOKOKUSHA Publishing Co., Ltd.

Simplified Chinese translation copyright © 2023 by China Machine Press
This Simplified Chinese edition published by arrangement with SHOKOKUSHA Publishing Co., Ltd., Tokyo, through HonnoKizuna, Inc., Tokyo, and Shanghai To-Asia Culture Co., Ltd.

本书中文简体字版由机械工业出版社在中国大陆地区（不包括香港、澳门特别行政区及台湾地区）独家出版发行。未经出版者书面许可，不得以任何方式抄袭、复制或节录本书中的任何部分。

北京市版权局著作权合同登记　图字：01-2022-1149号。

图书在版编目（CIP）数据

采光照明主题方案设计与技术 / 日本建筑学会编；张立译 . — 北京：机械工业出版社，2023.6
（空间无限力）
ISBN 978-7-111-72844-3

Ⅰ.①采… Ⅱ.①日… ②张… Ⅲ.①室内照明－照明设计 Ⅳ.① TU113.6

中国国家版本馆 CIP 数据核字（2023）第 050819 号

机械工业出版社（北京市百万庄大街22号　邮政编码100037）
策划编辑：马 晋　　　　　责任编辑：马 晋
责任校对：龚思文 张 薇　封面设计：张 静
责任印制：张 博
北京汇林印务有限公司印刷
2023年7月第1版第1次印刷
187mm×260mm・8.25印张・2插页・237千字
标准书号：ISBN 978-7-111-72844-3
定价：79.80元

电话服务　　　　　　　网络服务
客服电话：010-88361066　机 工 官 网：www.cmpbook.com
　　　　　010-88379833　机 工 官 博：weibo.com/cmp1952
　　　　　010-68326294　金 书 网：www.golden-book.com
封底无防伪标均为盗版　机工教育服务网：www.cmpedu.com

前言

环境工程学领域使用的教科书从我们的学生时代开始就几乎没有变化。学习前人积累的知识固然重要，但为了培养构筑未来的能力，我们认为必须要有"更进一步"的意识。

从研究者的角度来看，即便在可行性研究中加入了新的方案，也很难确保这些想法能够落地实施。有人说从研究成果到落地需要10年，但从实际来看，其实需要更久的时间。例如，LED的出现大大改变了人们以往的概念。开发者向设计师提的需求不仅仅是节省能源，更是可以丰富我们的生活、能够自由改变光色和形状的技术。然而，我们看到的几乎都是与现有光源类似的东西，前进的脚步很慢。比如，为了在设计中用到日光眩光，本应该做的是提出评估公式，而不是具体方法，做不到这一点的结果，最终设计还是流于关闭百叶窗、简单粗暴拒绝了眩光。这种做法，对于作为创造舒适空间的学问——环境工程学来说，是令人遗憾的。为了让包含新技术和见解的灵感能够落地，我们有必要将更细致的解说和运用案例传达给大家，以利于激发大家"更进一步"的意识，因此，我们策划了本书。

本书的目的是多方面展示那些可以创造美好建筑和空间的灵感，以及如何去呈现的方式。在进入本书出版委员会之前，"光·视觉环境控制工作组"介绍了设备设计相关人员亲手设计的空间、相互讨论的姿态，让我们切身感受到了本书的目的。在认真揣摩什么最适合读者之后，我们认为把自信满满的杰出作品问世之前的各种试错传达给读者，对于大家创造未来是大有裨益的。所以，我们委托了第1部分的执笔者与我们合作。不同的执笔者，即使目标相似，完成的空间也各不相同，视点也不尽一致，这着实有趣。若读者在阅读时能够着眼于解决方案的多样性，则不胜感激。

第2部分中，从研究者的角度出发，本书刊载了那些教科书中并未提及，但对当今时代的设计会有启发作用（希望读者务必能够了解）的信息。为了让外观设计师和初学者也能理解，我们尽量使用通俗易懂的表达方式，但那些希望让大家理解的包括课题在内的内容，会涉及一些专业性很强的东西，我们尽可能详细记述这些内容。另外，由于没有涵盖所有领域的知识，因此对于那些想在打破陈规之前学习基础知识的读者，建议搭配其他环境工程学的教科书等学习，以便加深理解。

此外，我们委托的各位执笔者进行了长期的写作工作，花费了很大的精力。为了培养人才，让光·视觉环境的设计变得更好，在此对一直以来给予我们积极协助的各位，表示由衷的感谢。

总而言之，本书不局限于面向环境工程学领域的人士，对于所有希望创造美好建筑和空间的设计技术人员而言，如果能启发大家，给大家带来灵感，为未来的建筑和空间的发展做出贡献，我们将感到不甚幸哉。

日本建筑学会本书编辑工作组

目录

第 1 部分

以主题解读光的设计手法和技术

视野、采光、眩光控制的形式

在建筑环境设计中，与自然环境共存并进行相应的控制是必不可少的。如果着眼于室内环境，不仅要考虑能源问题，还要考虑居住者的健康、生产效率、舒适性等方面。那么，重要的不仅仅是需要调整光、热、声音等物理环境，还要创造并提供高质量的空间、功能和环境。

在光·视环境计划中，获得"采光"的手段之一就是窗户。窗户所承载的主要作用有"确保采光量""满足心理需要"等。从建筑物的开口部获得的自然光，会因气象状况和时间段不同而发生变化。根据室内空间的不同使用目的，为了维持均匀的采光环境，可以通过检测自然光的变化、控制日照等办法来利用自然光。

另一方面，由于太阳光是一种强流明光源，所以在开口部附近，由于外部光和室内亮度的对比，有时会对视认性造成障碍。包括人工照明等所引起的眩光会刺激眼睛，让人感觉不舒服。而作为对策，既有把穿过开口部的阳光变成柔和的漫射光的纸拉窗等古法技术，也有通过百叶窗等来控制太阳光的现代技术。在人工照明灯具中，除了安装防止眩光的百叶挡板外，还引入了配合作业可向上、向下调节的可变器具。

另外，在柱廊、连廊等大面积的空间，以及那些可以享受景观的空间里，"窗户"对使用者来说起着获得室外信息的作用，通过眺望的景致可以获得开放感和视觉刺激等心理效果。窗户可以让人感受到自然光的闪耀、摇曳、颜色等变化，也能够起到给空间带来安宁感的效果。而玻璃作为透明材料，其性能不断提高，在带来节能效果的同时，也使得较大开口成为可能。

在此，本书聚焦光·视环境的3个基础要素，介绍了一些案例，请关注这些案例使用了怎样的技术、材料、手法，按照怎样的概念，通过怎样的过程而实现的。希望大家参考建筑中的采光方案，如传统技术的应用、最新的设计方法、光的控制方法等，能给各位带来启发。

（杉铁也）

案例1　SAKURA GALLERY 山樱东京分店

[设计] KAJIMA DESIGN ／ [竣工] 2017 年 5 月／ [地址] 东京都文京区

因为考虑附近的日照，所以在外形设计上斜向缺失一块，让人印象深刻。该建筑物轮廓简单明了，如同公司业务内容一般，明晰又不失内涵。该设计运用传统技术，其目标是打造舒心的城市小建筑。

案例2　PeptiDream　本部·研究所

[设计] 竹中工务店／ [照明设计] 冈安泉照明设计事务所·竹中工务店／ [竣工] 2017 年 7 月／ [地址] 神奈川县川崎市

这是 2006 年创立的制药企业的新公司大楼。大楼建在多摩川河口附近的新产业创造开发基地。布满百叶挡板的外观让人联想到制药公司扬帆起航。

案例3　大林组技术研究所技术站

[设计] 大林组／ [竣工] 2010 年 9 月／ [地址] 东京都清濑市

本研究所的发展理念是进行技术革新。200 名研究员聚集、2 层结构的开放式工作场所，白天使用日光照明，无须额外开灯等，通过自然采光节省了能源。

案例4　东映动画大泉工作室

[设计] 清水建设／ [竣工] 2017 年 8 月／ [地址] 东京都练马区

东映动画大泉工作室是日本最早的动画制作专业工作室，由当年亚洲规模最大的旧工作室改建而成。

案例5　东京大学　综合图书馆分馆

[设计] 清水建设／ [竣工] 2017 年 5 月／ [地址] 东京都文京区

这是一个以地上的水景为顶窗，可以感受到四季流转的地下大型图书馆。在同一位置的地面位置建造了大学校园的地标喷泉，在其地下成功建造了新的图书馆。

[照片 1] 北面窗户四周的上部用纸拉窗获得足够的采光，下部用纵型鳍状管＋透明玻璃给人带来绿色视野

向传统技能学习采光和视线控制
SAKURA GALLERY　山樱东京分店

关于本项目 ————

该建筑用地北侧面向绿意盎然的公园，南侧是狭窄的道路，周围与住宅和高层公寓相邻（图 1）。客户提了如下要求：2 楼约 270m² 的工作场所需要遮挡来自外面的视线、控制日照，并且整体上可以营造出舒适的办公环境。平面图如图 2 所示，窗户因为是开口，本身不利于打造合适的温暖环境，而本项目中，在窗户的一侧设计了类似门廊的缓冲空间，在开口部设置小挑檐和纸拉窗，将自然光作为柔和的漫射光导入室内。另外，人工照明也以间接照明为主，以便保护工作人员的视觉环境。

为什么使用了传统建筑技术呢

所谓建筑设计，就是调整环境，使光、水、风、音、热等能够适合人类活动，构建和谐的室内与室外关系。环保型设计并不依赖于机械设备，而是提高建筑物本身的环境性能。前辈创造了适合日本风土的各种传统建筑手法，我们要将这些留存下来的技术活用在现今的设计上。简单用空调和特殊窗框来调节隔热性能差的外壁，这种设计实在让人无法认同。我们在各种各样的项目中，都会充分解读目标建筑用地的气候风土和方位等，通过建筑物本身控制光照，探索着即使没有百叶窗也让人舒适的视觉环境。

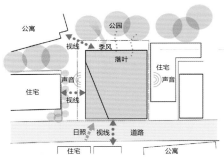

[图 1] 建筑物布局和周边环境

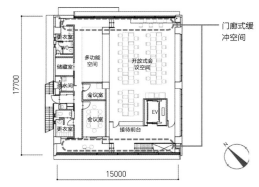

[图 2] 二楼工作场所

方法 1 活用纸拉窗的漫射光

　　如果不控制自然光的话，会造成过热或者是产生眩光①等让人不舒服的情况。因此，光照必须适当地加以引导。为此，建筑设计层面的日照控制是不可缺少的。然而，现代建筑大多缺少房檐等建筑性装饰结构，为了确保合适的室内环境，一般性的设计是提高外墙的隔热性，或者开口部采用双层隔热，再者是使用高性能玻璃，但终究还是依赖于百叶窗和空调、照明设备。尽管这些设备隔了热，但是，比如通过传感器自动控制的百叶窗，就很难一一检测到随着时间的推移光照和云朵状态的变化，做不到精细控制，无法给用户带来舒适感。

　　本项目的设计，既能隔离来自外部的视线，确保私密性，又能够获得足够的采光。如照片 2 所示，大德寺孤篷庵"忘筌"使用了能够带来柔和漫射光的纸拉窗。根据不同的季节和场景，纸拉窗可以轻松地开闭，甚至还可以取下来，换上帘子等。这种纸拉窗的材料柔和、利于光的漫射、透射率低。另外，考虑使用寿命，以及对建筑用地所在区域环境的适应，本案例中的纸拉窗用了现代化铝框架，并选择了经压合强化了的和纸。

　　如照片 3 所示，上层引入漫射光保证空间的亮度，而下层的透明玻璃将窗外的绿色引入室内。在绿意盎然的季节，可以像照片 4 那样把纸拉窗全部打开。

① 眩光
视野内亮度过高，会给视觉带来不适感，造成视认性降低。（详见 P96 第 2 部分第 4 章）

[照片 2] 带来柔和漫射光的纸拉窗（大德寺　孤篷庵"忘筌"）

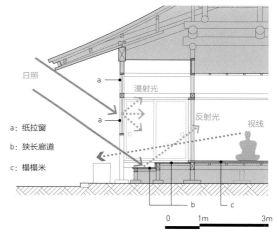

日照

a　漫射光

反射光

视线

a：纸拉窗
b：狭长廊道
c：榻榻米

0　1m　3m

[图 3] 光线透过纸拉窗漫射到房间内（大德寺　孤篷庵"忘筌"）

[照片 3] 北侧窗口／上层引入光线，下层带来绿色

[照片 4] 纸拉窗全开的状态／根据季节和时期的不同，通过纸拉窗的开闭调整环境

[照片5] 南侧开放的走廊空间

① 昼夜节律
生物体的生理、生化和行为以24h
为周期的振荡。（详见P119）

道路侧的窗户像照片5那样，利用纸拉窗吸收了直射光，经由纸拉窗的漫射光提升了空间的开阔感。亮度方面最让人担心的是眩光，但由于将这部分空间作为走廊，限定了用途，所以比起过度控制眩光，更加优先保证了空间的开阔感。如果拘泥于眩光指标，可能会导致在窗户的设计方面过于保守，而本项目中的纸拉窗，既保留了开放感，也对用户形成昼夜节律①有好的影响。这点希望大家能有效利用在打造舒适空间的设计上。

方法2 从商用房屋的纵向窗格得到启发

考虑视野和开放感，只有分层窗的上部用了纸拉窗。如图4所示，稍微降低中间小房檐的高度，这样视线不会过高，从而减少了与来自住宅、公寓的视线相交。在室内可以自然地眺望外面的天气和街道的情况，又没有封闭感。北侧窗户也和南侧一样是分层窗户。在树叶飘落的秋季，向外看时不再有绿意，视线只能落到高层公寓上，则可以如照片3那样，关闭上层纸拉窗。另外，下部狭长区域使用了窗框，窗框尺寸恰到好处，既能避免破坏开放感，还能够遮住来自相邻公寓的视线，如图5所示。这种方法是从图6所示的商用房屋的纵向窗格中得到的启发。

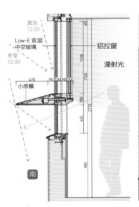
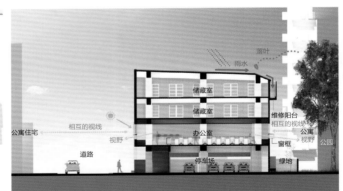

[图4] 截面结构和窗周围的细节

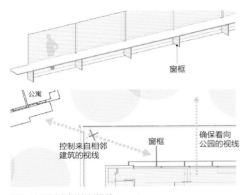

[图5] 通过窗框控制视线

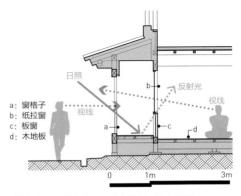

[图6] 采用纵向窗格结构来控制、引入光线

面朝公园一侧的窗户，即使全部打开也都会被树木遮挡，室内无法得到足够的采光。尽管可以充分享受绿色大自然，然而室内整体就会显得很封闭。间接的环境照明[①]或许可以解决这个问题。在瑞龙寺大茶堂看到的漆喰（日本古代从自然界中提取的一种建筑涂料，以熟石灰为主要原料）屋顶，并不像大家想象的那样暗沉，而是让人感觉意外的明亮，由此我们得到了解决上述问题的启发（照片6、图7）。一般办公室中，天花板的亮度＜窗面的亮度，所以会给人很强的压迫感，然而，通过窗户扩散的光，屋顶被照射得很明亮，那么开放感问题就得到了改善。然而，当窗面的亮度小、进入室内的自然光也少的时候，虽然纸拉窗对调节室内亮度有一定效果，但是如果天花板本身很暗的话，效果就会减半。

因此，本项目通过人工照明赋予了如同引入自然光一般的天花板亮度。如此一来，纸拉窗给人的印象则更加明亮，关上纸拉窗的时候，如同自然光照进纸拉窗一样，窗面和天花板浑然一体。图8比较了打开和关闭纸拉窗时的亮度分布，我们可以看出，纸拉窗部分的亮度是大于外面视野的亮度的。

在确保视野的同时，建立了"天花板的亮度""窗户的亮度""视野的亮度"之间的相互关系，由此解决了缺少自然光的问题。

这是从天花板的亮度和窗户亮度的关系入手，在照明方面比较下功夫的一个解决方案。

为了传统技法的继承

在考虑光照环境和与窗户相关的设计方案中，我们似乎过于依赖设备了。热衷于实用主义的外观设计，虽然大家普遍认为透明的玻璃建筑更好，然而最终的做法总是利用百叶窗遮挡日光。新人设计师是无法从这样的设计中学到东西的。既然如此，那么我们是不是应该重新审视植根于当地风土的先人智慧呢。深檐、房檐、土间（即日式起居室）、三和土、窄走廊、壁龛、付书院（窗前台）、蔀户（安装在门框或窗框上的活页窗）、窗格子、窗帘、布帘、围屏、屏风等，这些都是随着时代的变迁而被发明出来用于调整环境的。这些古代商用房屋巧妙地利用了反射光和漫射光，而且不仅是光，还考虑了雨、风、热、声音、视野、外部视线、防盗等问题，这些无不凝聚着先人们基于传统和经验的智慧，让人备受启发。比起简单粗暴的实用主义，我们深切地感受到，将从先人那里继承下来的智慧进一步传承到下一代，这不正是我们应该承担的使命吗？！

（米田浩二）

① **环境照明**
指为了让空间明亮而设置的照明。

［照片6］瑞龙寺大茶堂的漆喰天花板

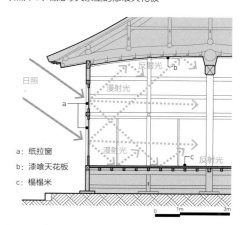

a：纸拉窗
b：漆喰天花板
c：榻榻米

［图7］纸拉窗的漫射光反射到地板和天花板上的结构

快照　　　　　亮度热成像　　［cd/m²］

［图8］通过开闭纸拉窗来比较亮度

兼顾视野和日照管理的帆
PeptiDream 本部·研究所

[照片1] 布满像帆一样的百叶板的外观

关于本项目————

这是一块北侧可眺望多摩川·羽田国际机场的南北狭长的平整地基。多摩川的滔滔水流，以及水流尽头从遥远品川到浦安界，都可一览眼底，这得天独厚的景致，存在感十足。本次企划的目标是创造一个能够享受这多样风景的环境。

开放形式的探究，视野与光照管理的并存

为了创建能够体现公司成长和研发理念的尖端研究据点，建筑业主给的主题是"在多摩川边创造舒适的研究环境"。

为了具体实现这一需求，设计理念定为①以环境为基础的弧形；②兼顾视野和日照管理。

方法 1 **通过将建筑设计成弧形来实现最广阔的视野**

地基形状是南北狭长，从北侧可以一览多摩川等风景，横向很窄（图1）。兼具办公室和实验室，可以远眺的北侧用地狭窄，这些均要在制定方案时考虑进去。

为了缩短实验室区域和办公室之间这条频繁来往的动线，两个功能区最好能平行相接。在一般的设计方案中，通常是中央修建实验室，窗边（东侧）平行建办公室。这种情况下，办公室方向北侧的视野会受限。因此，通过将办公室区域设计成弧形，视野可达到最开阔的状态（图2）。

将需要稳定光照环境的实验室区域布置在中央，把排气等功能设备装在天花板内，为此，天花板高度应定为 2.85m。为了保

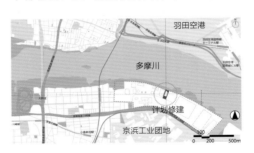

[图1] 地基

证窗边最大限度的视野，办公室高度定为 **3.7m**。

通过将实验室和办公室分别定为各自所需的天花板高度，平面空间的延伸在高度方向也得到了补充，渐进的开放感得到进一步增强。

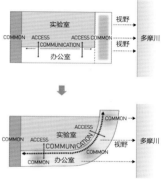

[图2] 弧形设计

方法2 **外部装饰百叶板兼顾视野和日照管理**

从东面到北面，由于将办公室布置在外墙一侧，虽然可以保证视野，但也会受到日照的很大影响。因此，我们研究了使用能够同时遮挡日射并管理日射的外部装饰膜百叶板。

首先，由于需要在确保视野的同时遮挡日射，因此通过算法①，以太阳轨迹和玻璃方位为参数，计算外部装饰膜百叶板的角度和宽度，进而根据此时的日射遮挡量做了优化验证（图3）。

最终，为保证视野、减少百叶板带来的封闭感，确定合适的百叶板角度和形状，以防止阳光直射桌面（图4）。图5显示的是确定百叶板形状的研究过程。

① 算法
通过程序获得问题最佳解决方案的策略机制。此处用了"遗传算法"。

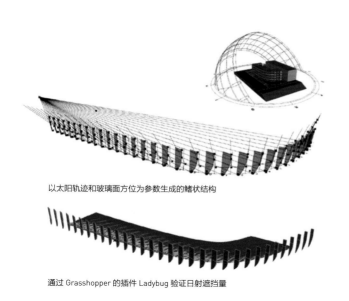

以太阳轨迹和玻璃面方位为参数生成的鳍状结构

通过 Grasshopper 的插件 Ladybug 验证日射遮挡量

[图3] 通过算法进行验证

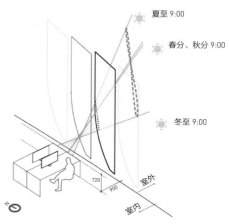

[图4] 根据太阳轨迹优化的外部装饰百叶板

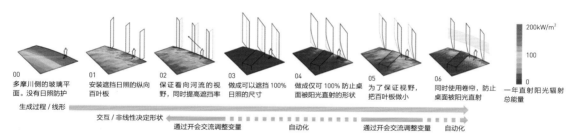

00
多摩川侧的玻璃平面。没有日照防护

01
安装遮挡日照的纵向百叶板

02
保证看向河流的视野，同时提高遮挡率

03
做成可以遮挡100%日照的尺寸

04
做成仅可100%防止桌面被阳光直射的形状

05
为了保证视野，把百叶板做小

06
同时使用卷帘，防止桌面被阳光直射

200kW/m²
100
0
一年直射阳光辐射总能量

生成过程 / 线形
交互 / 非线性决定形状
通过开会交流调整变量
自动化
通过开会交流调整变量
自动化

[图5] 外部百叶板形状的研究过程

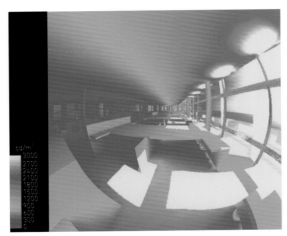

[图6]百叶板的亮度模拟

通过计算机模拟，可以快速优化40种百叶板的形状。外部装饰的百叶板是由具有8%透射率的PVC（氯乙烯树脂）膜制成的，形状像帆船上的帆，被命名为"Sailing Louver"，象征着客户事业的起航。

在大学的协助下，我们完成了百叶板的亮度模拟（图6）。最大亮度也只有3000 cd/m²，我们判断百叶板的亮度对室内办公的影响较小。

另外，在计算了每片百叶板在不同时刻的亮度分布之后，我们确认了百叶板对办公室内的眩光的影响，在办公期间几乎没有眩光变大的时间段。

在实际的运用中，除了外部装饰百叶板以外，还安装了电动幕帘，可以根据不同时间段来手动单独操作。而从办公室看出去的视野，已经事先通过BIM（Building Information Modeling，建筑信息模型）验证了日光的遮挡状况和具体的视野状况。

[照片2]办公室实景　看向南侧

[照片3]办公室实景　看向北侧

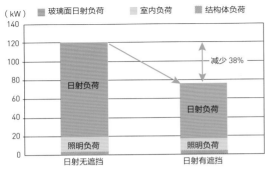

[图7]比较在有无百叶板情况下的热负荷

照片2、照片3是办公室实景。办公区按照当初的计划，使用PVC膜百叶板来缓和阳光，成功遮住了来自南侧周边建筑物的视线，同时确保了从北侧向外看时的视野。另外，实验室区域和办公室区域用玻璃隔开，实验室区域里的自然采光和视野也得到了保障，成功打造了一个舒适的研究空间。

我们同时进行了环境性能的比较研究。图7是根据有无百叶板来比较热负荷的图。可以看到，在有百叶板的情况下，热负荷减少了38%。

天花板照明在基准层，沿着平面铺设，整体呈曲线形。实验室区域用的是可直接安装的天花板照明，办公区域则为工作·环境照明[1]，设置了上下配光型调光式吊挂照明灯具。

照片4显示了办公室照明的开灯状态。上下配光型照明明亮地照着天花板，与自然采光强强联手，创造出了舒适的光照环境。图8是照度的模拟结果。实验室区域设计照度为500lx，在办公桌上再配置工作照明灯具，确保了800lx以上的照度。办公室区域环境照明的照度是300lx，为了保证办公桌工作照明[2]的照度能达到700lx，可以通过亮度传感器进行调光控制。

① 工作·环境照明
分别研究视觉作业的亮度和空间印象亮度的照明方案的方法。(详见 P109)

② 工作照明
为了使视觉作业顺利进行而设置的照明。

[照片4]办公室的上下配光型调光式吊挂照明
设计监修：冈安泉照明设计事务所

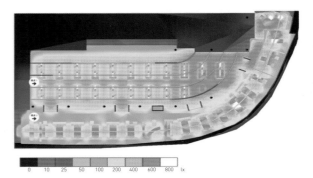

[图8]照度模拟

另外，通过实施有实验对象参与的实验，对上下配光型照明灯具和来自装有百叶板的窗户的光所给予空间的明亮程度[3]和晃眼程度（眩光）进行了实测评价（照片5、图9）。

从实验1（上下100%配光）和3（下方100%配光），2（上射100%配光＋下方50%配光）、4（下方50%配光）和5（上下均50%配光）的比较来看，上射配光有助于提高"整个空间亮度的舒适度"。在不同配光条件、各种亮度指标（工作面照度、垂直面照度、亮度算术平均数、亮度几何平均数等）和夜间·有百叶窗的情况下，可以看出空间整体亮度与哪些因素相关。特别是在窗户亮度高的情况下（白天）并没有明显的影响。换言之，可以推测出，白天那些不会让人感到不舒适的柔和的外部光线，非常有助于提高办公空间光照环境的舒适性。

[照片5]实验情况

③ 空间的明亮程度（感）
表示对空间亮度的印象。在本书中，与用于确保可视性的亮度（如工作面照度）区分。(详见 P107 第2部分第5章)

对计算机设计的期待

使用计算机设计的话，即使在有限的设计周期内，也可以迅速进行大量的复杂验证，还可以用于与客户交流，作为交流工具也是效果斐然。在本项目的建筑物中，也是使用了计算机设计对外部的日照遮挡和视野反复进行了数千个图形的验证之后，如同跟踪了太阳一年的轨迹那样，导出并绘制了曲线，得到了"Sailing Louver"的最佳角度和形状。

（杉铁也）

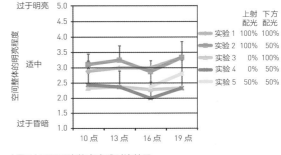

[图9]不同配光的亮度感对比结果

窗户打造的舒适空间
大林组技术研究所技术站

关于本项目————————

该项目以革新技术、进行实际验证并将成果发布出去为目标，通过研究多个功能的整合和知识的融合，创造出新的技术，成为向社会广泛传播新技术的范本，于2010年完工。其概念是成为最尖端的研究性环境友好型建筑，能让人感觉安全放心，实现建筑的可持续性发展，谋求同步实现 ZEB（Net Zero Energy Building，净零能耗建筑）的高节能、低碳和智能。该建筑在设计阶段自然是做了大量工作，在投入使用后也考虑了使用者的舒适性和健康，努力获得 WELL 认证等，至今仍在持续性地进行改善。

开放性办公室和采光、视野并存

该建筑是土木、建筑、环境等不同专业总计 200 名研究员的工作场所，计划建立宽 90m、纵深 18m、天花板最高处高约 8m 的大开间式办公楼。其目的在于激发知识创造的灵感，同时考虑自然光和绿植等也有提高知识生产性和舒适性的效果，为了发挥出这两个效果，设计师们讨论了各种各样的采光方案以及从窗户向外眺望时视野的营造方式。

一般的办公大楼也有很多是没有间隔的大开间，但越是大的空间，就越难确保光照和视野，于是在很多情况下，人们不得不在"开放性大开间"和"采光及视野"这两个选项中做选择。为了实现这两者的平衡，本项目再次认真研究了窗户的作用，制订了各个方面都合适的方案。首先，为了确保办公环境的稳定亮度，在天花板上开了天窗[1]。其次，为了保证窗外的视野，在能够眺望到大自然景色的南侧安装了高及天花板的窗户（照片 2）。最后，东西侧墙面上设置了用于遮挡日晒的纵向百叶板（照片 3），通过百叶板射入的光提高了墙面亮度（起到了类似人工照明中壁灯[2]那样的作用），给人带来舒适的明亮感。

① 天窗
为了采光而在屋顶上开的天窗。

② 壁灯
以照射整个壁面为目的的照明工具。

[照片 2] 从南面眺望的景致

[照片 3] 设置在东面的纵向百叶板

① 人工照明的变更
在竣工时（2010 年），采用了最高效率的高频荧光灯（63 形）阶梯调光系统，但在 2014 年更换为连续调光型 LED 照明。

方法 1　**可以获得稳定亮度的天窗**

　　从太阳的轨迹来看，如果想获取直射日光以外的稳定自然光源，可以在北侧开采光窗。与南侧相比，北侧没有直射的阳光，因此采光量小。而对办公室来说，重要的是能够为室内提供稳定亮度的环境照明，所以本次设计了面积很大的北侧天窗。天窗用的是人工照明①作为间接照明，通过自动控制来补充日光不足部分的亮度。这样一来，室内人员就不会太在意光是来自日光还是人工照明，并且能够享受到稳定的环境照明。另外，即使在夜间，光的照射方向也不会有很大变化，这同样保证了稳定且持续的光照环境。在实际开始投入使用后，天窗带来的日光比例很大，而根据时间和天气不同，亮度也有所不同，让办公人员能感觉到外面自然的变化，整体形成了一个让人愉快的光照环境。

　　在天窗的内部，为了使日光和人工照明的配光能够到达北侧室内深处，让整个室内都有均匀的照度，我们在天窗的外部形状设计方面下了很大功夫，同时也考虑了人工照明的影响，从而做到了天窗里面亮度均匀（照片 4）。另外，环境照明的目标是晴天时无须开灯。通过模拟，我们确认了仅凭自然光即可获

[照片 4] 通过模型验证
在施工阶段制作了与实物等大的模型，根据照度测定的结果进行了模拟，决定了灯具的布置和台数。

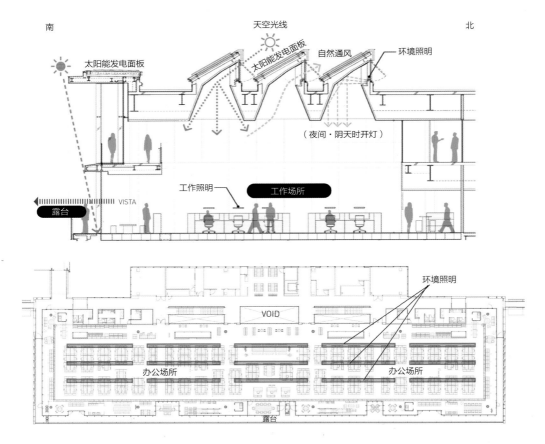

[图1] 办公场所的剖视图和平面图

[图2] 基于亮度图像的验证

在亮度分布方面，用所需亮度图像进行了验证，事先确认即使没有打开环境照明，室内也不会过于阴暗。另外，亮度图像是使用中村先生提出的根据亮度感觉定量化指标"亮度尺度值（Natural Brightness value，NB）"做出的。

得足够的亮度（图2）。设计目标值是在阴天时确保白天为300lx左右的照度，而实际数据表明，全年在晴朗的白天可维持1000lx左右的照度，实现了无须开灯也可保证工作照明的光照环境。

做方案时，我们计划在南侧安装太阳能发电面板，为了达到每年最大发电量，将天窗外部形状的倾斜角设定为30°。另外，在合适的时候打开采光窗的话，既能采光也兼顾了自然通风换气窗的功能。地板下的空调吸入外部空气，所置换掉的室内空气则是通过天窗排向外部。如此一来，包括天窗在内的窗户和屋顶系统，不仅考虑了光照环境的性能，还兼有复合型功能，可以有效地利用自然能源，使整个环境既舒适又节能。

在投入使用后，为了进一步研究节能措施，我们对用户做了问卷调查，调查了他们对室内整体亮度的评价。调查结果显示，若人员之间交流量多，所要求的环境照明照度就高，而随着交流量的减少，对环境照明照度的需求则会变低。基于该结果，在交流频率很低的夜间，逐级适当地降低了照度（到19点之前降为300lx，到20点之前降为250lx等）。

　　我们在南侧开了窗户，这是为了能够确保向外可以看到前面庭院的榉树和草坪。为了让离窗户远的座位也便于向外眺望，窗户设计成了 2 层式高达天花板的玻璃幕墙。但是，大面积的窗户一方面可以扩大视野、保证室内的采光量，另一方面也有可能产生让人不舒适的眩光。为此，我们花费了很大精力研究了应对眩光的方法。

　　首先，如图 3 所示，挑檐能减少直射到室内的阳光，并且在窗户附近设置了会议空间和茶歇空间（照片 5）作为缓冲空间，减少了直射的阳光对办公空间的影响。另外，南面的绿植可以降低高亮度的天空和附近建筑物带来的压迫感，适度遮住直射到连廊的日光，很好地抑制了地面的反射光。

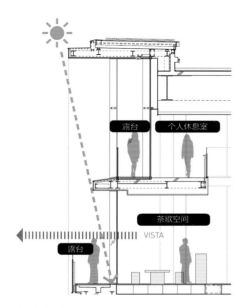

[图 3] 南面剖面图

[照片 5] 南面窗附近的空间

① 倾斜角

为百叶窗百叶的角度。

② 在座感应方法

可以通过职员证里的 IC 标签功能来感应该人员在座或不在座。本功能不仅能用于眩光控制，还可用于不在座时工作照明的关闭，控制无人区域的环境照明开灯数量，针对不同空间进行不同的控制。

③ PGSV（Predicted Glare Sensation Vote）

一种眩光评价公式，其特点之一是以日本人为实验对象。详见 P98。

[照片 6] 太阳轨迹自动跟踪式照度计

实时测量太阳位置、直射日光照度、全天空照度等的设备。

　　然而，即便做了这些，在太阳高度较低的季节和时间段，由于日光是直射到办公空间的，还是需要使用百叶窗。如果是手动百叶窗的话，一旦关上可能大家就懒得去打开了，这个窗户就会成为永远关闭的百叶窗，失去原有的作用。另外，即便是自动控制的百叶窗，由于主要目的是遮挡阳光直射，为了控制窗户带来的眩光，要优先决定百叶的倾斜角①，该角度足够倾斜才能减少眩光，而这样就很有可能隔绝了向外看的视野，也遮挡了所有的日光。本项目旨在抑制眩光的同时，尽可能使百叶倾斜角变小，既要确保视野，同时也要有助于引入日光。为此，我们开发了利用天气信息实时形成最佳视觉环境的倾斜角控制方法。

　　本次开发的系统中，除了利用一般百叶窗在控制上会用到的太阳轨迹自动跟踪式照度计（照片 6）来掌握天空状况之外，还考虑对面的建筑物和建筑物自身的日射遮蔽结构（挑檐、百叶窗）等的影响，在室内有人区域②中选取具有代表性的位置，通过眩光评价公式 PGSV③计算眩光晃眼的程度，从而把百叶窗的百叶角度控制在让人感觉到舒适的倾斜角度上。一般的做法是不管座位上是否有人，都会控制所有座位上都不产生眩光，而本系统不再像传统做法那样一刀切，通过感应座位上是否有人，如果窗边没有办公人员，则可以打开百叶窗，如图 4 所示。

图 5 展示了本建筑中在冬至晴天时不同控制方法下百叶的倾斜角分别是多少。由于传统的控制方法不能准确预测因百叶窗反射而产生的眩光，所以倾斜角会设置得比太阳轨迹自动跟踪式照度计求出的直射日光遮蔽角（虚线）更加保守，也就是说倾斜角更大（实线）。另一方面，在使用了眩光评价公式（PGSV）控制的情况下，能够正确地进行预测，所以可以设定精准的百叶倾斜角度。

图 6 是 12 月阴天和晴天的控制状况实测例子，我们对该环境中的办公人员做了问卷调查。通过调查结果可知，除了晴天的 9 点～ 11 点以外，使用眩光评价公式控制时，人们对于窗外视野的满意度是提高的（图 7）。这种控制可以根据天气状况进行非常精细的控制。这种做法虽说初期的设定很费精力，但是哪怕

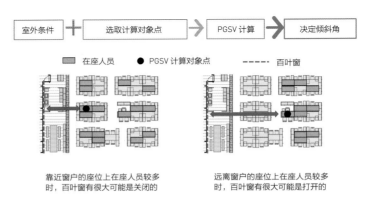

[图 4] 百叶窗控制的概念

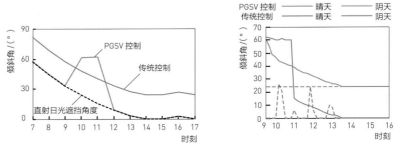

[图 5] 不同控制方法下倾斜角的差异（冬至、晴天）   [图 6] 倾斜角控制状况

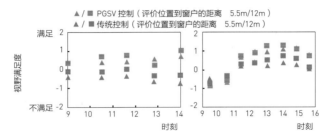

[图 7] 视野的满足度   左边是阴天时，右边是晴天时

能够提高一点点视野和采光，最终就能产生很大的效果，可以提高办公人员的舒适性，并且实现整体的节能。

方法3 设定未来目标　建筑技术持续成长

一般来说，即使建筑在完工后出现了问题并进行了整改，只要没有大的改造，就不会再导入新的系统。但是，本项目立足于将来，预先设定了目标，考虑建筑物将来最理想的状态是什么，在竣工后仍然引进了新的技术和方案，以此种方式实现建筑物本身的可持续性发展。

2008 年做方案时，计划 2020 年达成目标，兼顾 ZEB 和建筑本身的创造性。在 2010 年竣工之后，设计师们不仅进一步提高了节能性能，还以人为因素为切入点，继续引进各种各样的技术。前面介绍的天窗人工照明 LED、控制眩光的技术、分级控制照度也是在建筑物竣工后才引进的技术。此外，还使用了一种新的照明控制方法[①]，这种方法是依据人们对明亮程度的感觉而进行的亮度控制。人类肉体寿命是 100 年，设备的寿命是 10 年，相比之下，人的价值观和工作方式的变化、技术的进化则比这些岁月更迭更加快速。短暂的物理寿命和快速的观念、技术变化之间会产生偏差。建筑物竣工之后，只有人类在里面活动，经历了时间流逝，建筑物方可获得生命。因此，对建筑物最好的利用不是完工即终点，而是面向未来，倾听用户的声音，不断加以改善，这样建筑物才可以发挥最大价值。

另外，通过端正姿态和确定目标，也可以进一步提高技术改进的速度。虽然也有人认为，本项目之所以能够在完工后还接二连三地引进新系统，完全是因为这是自家公司的研究所。这种说法可以理解。但也恰恰因为是自家公司的研究所，所以才有底气在自己的地盘上挑战新技术。建筑物在竣工后并不是达到了巅峰，而是要不断摸索、研究如何从技术和控制方面提高舒适性能和节能性能，这才是未来的设备技术人员应该精进的方向。如果未来有人说是本项目创造了这样的精进潮流，那实在是荣幸至极。

（小岛义包）

① 基于主观明亮程度感受的照明控制手法
这种手法是基于亮度照相机图像的控制方法，在第 2 部分专栏 05-03（P114）中介绍了使用相同技术的建筑，敬请参考。

使用配光可调式照明的动画制作专业工作室

东映动画大泉工作室

[照片1] 工作室内部

关于本项目

本工作室方案的设计理念是创造能够最大限度发挥动画制作者创造性的舒适环境。但问题是，动画制作者的工作内容涉及很多方面，而且每个制作者的理想环境都不尽相同。除了制作业务种类的不同，桌面所需的亮度不同之外，在照亮桌面的光线方向一事上，每个动画制作者都有自己的讲究和详细要求。另一方面，考虑不同业务内容的制作者之间会有相互合作，开放性大开间的方案更方便交流，所以同时实现这两方面的需求才是本方案的设计目标。

可移动式照明灯具方案

旧工作室由于结构上的限制，无法适应制作业务的扩展和数字化等制作环境的变化，于是动画制作者被分别安置在分散着的不同建筑里，这对他们在业务上的交流产生了影响，降低了交流效率。在本方案中，大开间里没有隔断（开放性大开间），所以可以灵活适应制作业务的变化，动画制作者们共享同一空间，便于交流。此外，应用户要求，需要尽可能提高顶棚高度，于是我们选择了不用吊顶材料，直接展示原本的框架顶棚，提供了更为开放的制作空间。

在维持整个空间一体感的同时，用户还要求打造各个工序所要求的不同环境。照明灯具方面，我们开发了一种灯具，在灯具主体的反射板上加装可移动机构，形成了既可单独调整配光又能移动的照明灯具，所以即便大家都使用同一种灯具，也可分别调整各自的光照，满足了个体不同的需求。例如，在数码作画时，为了避免画面中的反光，制作者们不希望光线直接照射到手边，而用传统方式作画的制作者是希望能够充分确保自己笔下的照度的。上述既可单独调整配光又可移动的照明灯具则能够在同一空间内实现这些要求。

本次所开发的照明设备装有反射板，反射板和灯体两端的端板部分用铰接方式连接，可以任意调整角度。通过手动调整反射板的角度，可以把来自灯体的光分别调整为向上配光、上下同时配光，以及向下配光。

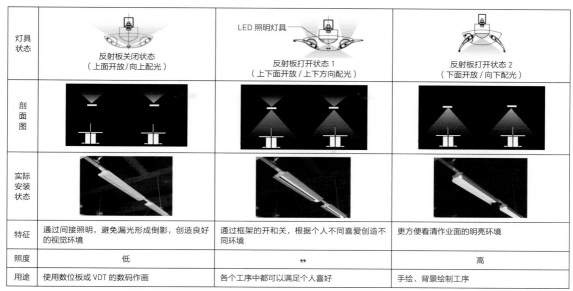

灯具状态	反射板关闭状态（上面开放/向上配光）	LED 照明灯具 反射板打开状态 1（上下面开放/上下方向配光）	反射板打开状态 2（下面开放/向下配光）
剖面图			
实际安装状态			
特征	通过间接照明，避免漏光形成倒影，创造良好的视觉环境	通过框架的开和关，根据个人不同喜爱创造不同环境	更方便看清作业面的明亮环境
照度	低	↔	高
用途	使用数位板或 VDT 的数码作画	各个工序中都可以满足个人喜好	手绘、背景绘制工序

[图 1] 带可移动机构的照明灯具的光照环境

方法1 通过安装高度和反射板进行配光控制

为了方便用户调整反射板，并考虑向上配光时顶棚面的照射情况，我们将照明灯具下端高度设为距地面约 2.6m。图 1 显示出了可移动式反射板角度的 3 种使用模式。如图 2 所示，反射板的背面并不是一个整体，而是不同的组成部分都设定成了不同的角度。如此一来，可以防止正反射光带来的眩光，这种防止眩光的措施避免了反射光在各种方向上扩散。

最难的部分是，关闭可移动式反射板时，如何防止板和板之间的连接部位漏光。特别是在数码作画的现场，很多人喜欢遮挡外部光线、降低环境照明的亮度，在极度黑暗的工作环境中工作。这种时候，哪怕是一点点的漏光也会导致数码作画时画面中出现反光，影响制作者的工作。我们对安装在反射板前端的密封圈形状和强度反复进行验证，在验证中使用了不同材料和形状的密封圈，确保连接部位不会向下方漏光。另外，那些特别喜欢在明亮环境中工作的背景绘制团队希望在调整可移动机构的角度时尽可能实现微调。因此我们将最初考虑的 3 档可调角度改良为 16 档（约 12°/1 档）（图 2）。另外，通过从自己座位上的个人电脑来调光，每台照明灯具可以实现 10% ～ 100% 的配光。

竣工后的情况

照片 3 显示了竣工后的状况。关闭一侧的反射板，打开另一侧的反射板等，可以实现不对称的配光特性；像调节桌子上的台灯那样随意调整光的方向，可防止用来作画的惯用手边出现阴影。另外，在数字作画区域，即使在白天也完全关闭了百叶窗和暗幕，隔绝外部光线，人工照明的控制也更加简单，为工作人员提供了最佳的视觉环境。

（藤冈宏章·加藤勇树）

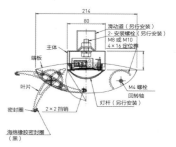

[图 2] 铰接可移动机构

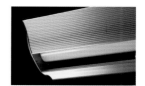

[照片 2] 可移动式反射板放大图

[照片 3] 竣工后的照片

案例5

水景带来摇曳之光的地下空间
东京大学 综合图书馆分馆

[照片1] 地下1层藏书广场

关于本项目————

本图书馆分馆是为了进一步扩展1928年建成的现有综合图书馆（收藏约130万册图书）的功能。在地下2~4层设置了自动化书库（收藏约300万册图书），地下1层的空间可供所有学生聚在此地自主学习。

承载历史记忆的广场

在这个广场上，旧图书馆曾经被毁于关东大地震，之后在建设现在的综合图书馆的同时，也修整了广场，并且安装了喷泉，兼有防火水槽功能。广场与来到这里的师生一起经历了历史的风风雨雨。所谓校园的魅力，不仅仅是由个别建筑物体现的。校园是学生聚集的重要场所，身担重任。本方案的契机是因为现有图书馆书库已经容纳不下更多的图书，需要新的图书馆。但是如果为了建新图书馆而大面积地占用校园的开放空间，则很有可能会削减整个校园的魅力。因此，在保证新图书馆功能的同时，保持足够的开放空间，我们提出了在地下建造4层空间的方案（图1）。

只是，去过的人应该都知道，这个广场除了图书馆外，周围被法学部和文学部的建筑物包围，几乎没有空余的地方。为了保住广场，我们决定在地下建造4层图书馆，但这需要相当数量的结构件，普通的建造方法是极难成功的。反之，如果使用气压沉箱法（桥墩基础工程等使用的土木技术），就可以保留这个广场。当然，建造方法本身与光照环境没有直接的关系，但是为了继承历史的记忆，为用户创造舒适的场所，接下来介绍的方法发挥了重要作用，恳切希望读者们能够了解。

另外，动工前我们做了地质勘测，根据地下文化财产调查结果，旧图书馆的砖块基础和加贺藩邸的水渠石结构被挖掘出来。为了将这些历史遗迹作为当时的记忆留存下来，我们把旧图书馆的基础用作广场的长凳，将水渠石结构切片后装入基石使用。通过这些行动，把遗迹当成广场的一部分，实现了保留历史记忆的目的。这个广场饱含各种各样的要素，连接着从江户到明治、昭和、平成的各个时代，载满了历史的印迹。

方法1 连接广场和地下的喷泉兼天窗

位于广场中央的喷泉也是继承历史记忆的重要部分，我们充分讨论了要怎么做才能留下喷泉。虽然当初是打算只将最具纪念意义的相轮塔恢复到原来的位置，但是在广场漫长的历史进程中，水是具有重要意义的，所以这一部分需要继承下去。于是本方案最大亮点之一是连接地下一层的藏书广场和地面广场的天窗，天窗还带有喷泉功能（照片2）。

当然，也有人对在地下图书馆建筑之上安装喷泉持否定态度。经过各个方面的研究，我们考虑了很多情形，比如集中性暴雨（特大暴雨等）、积雪造成的过多荷载、地震引起的变形、人有可能进入水景等，针对各种情况都制订了对策来消除隐患。最后的成果就是，地上和地下空间相互连接构成一体，不仅仅发挥了喷泉的象征意义，当自然光照在水面上，波光粼粼，也自然让人感受到了时间的流逝和季节的变化，提升了藏书广场的魅力（照片3）。

方法2 藏书广场圆形空间里的照明方案

在地下一层，如果抬头看藏书广场的天花板，就会看到用日本国产杉木做成的木制百叶板式屋顶，这景观着实令人震撼。此屋顶承担着多种作用。首先，从圆形空间的特性上看，要考虑回音等现象，假设有200人在场的话，一旦有人说话则可能会产生过多的回声，使原本应该安静的图书室变得吵闹。为了防止这种现象的发生，墙面（通过两个大小不同的孔组成的双孔吸音板来充分消音）的选择至关重要，因为该木制百叶板式屋顶能够发挥适当吸收、扩散声音的作用。第二个作用是削弱照明灯具的存在感，让人感觉不到眩光，只感觉到柔和的光线。第三个作用是由材质带来的，那就是杉树的香味可以让人醒目提神。在这里我们会为大家介绍从光照环境的角度设计该木制屋顶的过程。

将藏书广场桌子表面的目标照度设定为500lx。首先，我们在图3所示的3个不同条件下，通过模拟研究了木制百叶屋顶和照明灯具的配置。只要看地板上的影子就会明白3种情况的区别，沿着木制百叶屋顶呈放射状布置照明，并采取上下配光方式，这样在地板上产生的阴影就不会呈

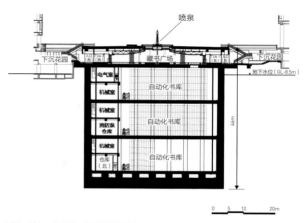

[图1]地下多层深度图书馆的剖面图

[照片2]从焕发新生的喷泉处所看到的广场夜景

[照片3]喷泉天窗

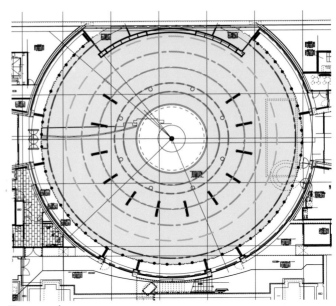

[图2]藏书广场照明调光区（彩色线为照明）

放射状配置（上下配光）

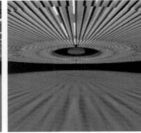

放射状配置（向下配光）

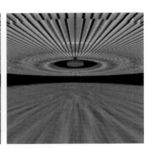

同心圆状配置

[图3]简单照明模拟

[照片4]模型

斑驳状。而其他两种条件下则会让木制屋顶在地板上投下斑驳阴影。藏书广场是学生们聚集在一起自主学习的场所，并不是让人紧张的空间，所以此次我们用的天窗是能让人感受到水面摇曳的。在人工照明的选择上，为了实现水面摇曳的效果，最好阴影不会影响看书。但是，由于无法通过模拟来判断这些阴影是否会对阅读造成影响，所以我们制作了局部的模型，与相关人员确认了效果。照片4是制作好的模型。

为了通过模型确认阴影的影响，我们将照明灯具均匀地布置成同心圆状，发现木制百叶屋顶的侧面能够被均匀地照到，提高了整个空间的明亮程度，于是我们决定了就以同心圆状来布置照明灯具。另外，藏书广场以兼有喷泉功能的天窗为中心，还可以发挥其他用途。例如，圆的中心可以用作舞台，外围的墙面连续设置白板，可以作为小组学习的白板和投影仪幕布等。即便是其他的用途，照明灯具的分布也最好是同心圆状，调光区的设定也如图2所示的色区一样。该调光区可以弥补天窗自然光量不足的部分，将人工照明的效果发挥得恰到好处。

另外，这个木制百叶屋顶的外围标高很低，越往中央越高，在地下空间，因为这种高低差，所以越看向天窗视野越开阔，整体给人很宏伟的感觉。为了让天花板表面看起来明亮、轻快，一般来说位于木制百叶屋顶上部的顶棚大多是黑色的，但是我们通过模型得出了饰面材料（玻璃棉）最好用灰色的结论。在确认了与木制百叶屋顶的适配度之后，将相关色温[①]定为3500K。

同心圆状布置的木制百叶屋顶在不同的位置给人的感觉也不尽相同。因此，作为下一个研究课题，我们利用了能够自由地改变视线位置的数字模型（图4）和BIM照明模拟（图5），确认了整个空间和其中的照明给人的视觉感受，并且研究了木制百叶屋顶的安装方法。进而，我们判断UGR[②]值最大为15.6，整个空间作为学习环境是没有问题的。

在只使用人工照明的情况下，天窗部分设有电动天棚帘，可以遮挡外部光线。从减少夏季日光产生的热负荷这一角度来看，该遮挡功能发挥了很大作用。

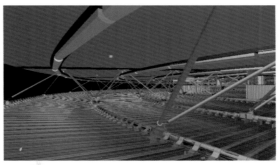

[图4] 数字模型
用数字模型研究了藏书广场天花板木制百叶屋顶的安装方法

[图5] 通过照明模拟的照明特效（白天 晴天时）

方法3 利用了漏光的广场照明方案

校园空间的照明与商业建筑不同，必须能够营造出一种安静而祥和的氛围。从教室漏出的光间接地演绎出了这种气氛，而这正是大学的魅力之一。在被校舍包围的广场上，因漏光而得到了既低调又充足的光亮，因此无须使用适应等级[③]过高的危险照明灯具（例如会露出高亮度发光面的照明灯具），并且，漏光同时成为作为历史遗迹的长椅下部的间接照明等。因此，在利用教室漏光打造长椅氛围感的同时，我们创造出了稳定的、充满柔和光线的安静空间。 （川添善行·中泽公彦）

① 色温、相关色温
色温是描述光源发光或被辐射体接收彩色色光的颜色属性之一，当某一种光源的色品与某一温度下完全辐射体（黑体）的色品相同时，完全辐射体（黑体）的绝对温度为此光源的色温，单位为开尔文（K）。当光源的色品点不在黑体轨迹上，且光源的色品与某一温度下的黑体的色品最接近时，该黑体的绝对温度为此光源的相关色温。（详见 P68 第 2 部分 1.1）

② UGR
统一眩光值，为室内照明的眩光评价指标之一。（详见 P96）

③ 适应等级
视觉器官的感觉随外界亮度的刺激而变化的过程即视觉适应，适应等级为所适应的明亮程度。（详见 P80）

2

制造健康的光

"健康"是我们最关心的事情。为了健康，注意饮食、保持运动的重要性无须赘述，但是人类寿命的 9 成时间是在室内度过的，如果室内空间的环境能对维持健康起到一定的作用，那就更加完美了。在此，我们会为大家介绍几个考虑人类健康的光·照明方案的最新案例。

医院是让我们重回健康的代表性机构。一方面，医院对于医疗工作人员来说是工作场所，不仅要确保足够的视认性以防医疗事故于未然，还必须要让 24 小时工作制内的工作人员本人保持健康。另一方面，对于住院患者来说，医院不仅是治疗的场所，还要同时具有生活空间的功能。并且，对于患者、家人双方而言，医院也是给他们带来希望的梦想空间。如此可以看出，医院的功能非常丰富且重要。所以，医院各个空间的照明要细致考虑，空间整体的光照设计理念也十分重要。

传统的医院通常是令人紧张、让人望而却步的地方，而且整体也让人感觉非常阴郁。但是，现在的医院不再只是治疗身体的场所，医院作为地区交流的空间，其功能也在大放异彩。在这里介绍的案例中，我们找到了让所有在医院的人都能振奋精神的方法，这不是简单意味着更加明亮的照明，更是利用了光本身的功能。

另外，本章还会介绍体育场馆的案例。我们不只是把自己的健康委托给第三方，即医院，还要通过体育场馆来主动提高自身的健康水平，并且积极利用自然光，让自然光为保持人类健康也贡献力量。

对于使用空间的人来说，什么样的环境是最利于健康的，需要从数个相关技术中，经过怎样的过程，决定采用哪个技术，具体的讨论方法是怎样的，这些都将在本章为大家详细介绍，请务必参考。设计不仅仅是测量法律和基准所规定的数值，我更希望大家能够理解对人友好型光照设计的有趣之处。

（望月悦子）

案例 1   AKEBONO 医院

[设计] KAJIMA DESIGN / [竣工] 2015 年 12 月 / [地址] 东京都町田市

本项目是承担地区医疗重任的医院重建项目。利用与人的昼夜节律一致的照明,提高了患者的睡眠质量,致力于创造让透析患者也能够放松的空间。

案例 2   柏田中医院

[设计] 大成建设 / [照明设计师] LIGHTDESIGN+ 大成建设 / [竣工] 2015 年 9 月 / [地址] 千叶县柏市

旧医院搬迁,在筑波快车·柏田中站前的宽阔地基上新建的综合医院,现在已成了该地区的核心建筑,学校、看护设施、宾馆等不断矗立而起,带动了街道的发展。

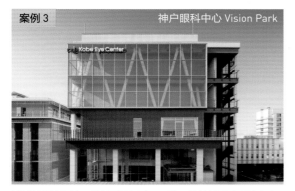

案例 3   神户眼科中心 Vision Park

[设计] 日本设计 / [竣工] 2017 年 11 月 / [地址] 兵库县神户市

神户眼科中心是全世界首个与眼睛相关的集研究、治疗、临床应用、康复和就业支援为一体的一站式中心。"Vision Park"是眼科中心的入口空间。

案例 4   顺天堂医院 B 栋

[设计] 日本设计（基本设计）·清水建设（实施设计）/ [竣工] 2016 年 4 月 / [地址] 东京都文京区

这是为了纪念成立 175 周年的医院而重建的项目。每个病房里有 4 个床位,以个性化照明和隔断式家具打造了标准单间。走廊侧区域使用间接照明制造了温暖的空间。

案例 5   津市产业·体育中心·SAORINA 中央体育馆

[设计] 日建设计 / [竣工] 2017 年 6 月 / [地址] 三重县津市

这个体育馆以出生于津市的摔跤运动员吉田沙保里（YOSHIDA SAORI）的名字命名,将竞技场作为核心场馆,大胆引入了日光,借助光管和自动调光系统合理利用自然采光。

分区用光，提高睡眠质量，创造放松环境
AKEBONO 医院

关于本项目

位于东京都町田市中心的AKEBONO医院是扎根于当地的医院。由于旧医院楼老化需重建，本次制订了将3栋分散的医院、透析诊所、体检中心功能综合在一起的新医院楼方案。在拥有142个床位的日本最大的透析中心，使用了不同的环保技术，为接受长时间治疗的患者提供良好环境。透析病房采用了专门开发的可提高睡眠质量的环境技术，综合使用光、声音、热等相关技术，打造了全新的医院环境。

① **昼夜节律**

⇒参照 P6 ①。（详见 P119）

疗养、治疗空间中光照环境的优化

医院里发生着分诊、检查、诊断、治疗、疗养等各种各样的行为。而且，每个行为所需要的光照、声音、温度、湿度、清洁度、气密性等也不尽相同，空间利用人员也不同，比如患者和医疗人员所要求的环境性能也是不一样的。在这些医院环境中，患者长时间居住的住院部和每隔一天需要 3~4 小时长时间治疗的透析中心，需要考虑昼夜节律①，也就是说需要优化对生物钟有影响的光照环境。

优化光照环境的目标是为了实现以下效果：

1）住院部有助于住院患者的疗养、治愈，减轻医疗人员的负担，提高患者的睡眠质量。

2）透析中心可以创造成没有紧张感的轻松日常的治疗空间。

我们基于这两个具体目标设计了本次项目。

方法 1 将日光引入病房可提高睡眠质量

据说体温的变化和每天的生物钟有关，体温下降的时候更容易入睡，体温升高则难以入睡。清醒程度和体温变化是密切相关的，在本次建筑方案中，通过营造可以控制体温变化的环境，实现提高睡眠质量的效果。

体温变化与睡眠机制有关系，于是我们就光照环境对体温变化的影响，对实验对象做了实验。结果如图1、图2所示，通过观测与光相关的因素（时间、照度）引起的体温变化，可以看出上午照度较高、阳光很晒，这与体温升高是正相

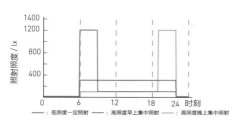

[图1]晒太阳的方式和体温的变化

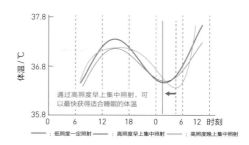

通过高照度早上集中照射，可以最快获得适合睡眠的体温

[图2]实验结果

关的。也就是说，起床后照到的光照量（这里表现为日光照射照度）决定了晚上入睡时的最佳体温。根据这个结果，我们计划在白天向病房内积极引入光照。

① 促进自然采光的病房方案

如图3和照片2所示，在开口部设置了遮光板①，把光线送到靠近走廊的床上，并且下方开口部处的视野也不会被阻挡。另外，为了获得最大限度的采光量，窗户设计为横向连窗。在4个床位的病房里，靠窗床位上的患者大多会选择关上窗帘或卷帘。这样的话，不论窗户形状如何，都无法获得采光。

因此，把窗户卷帘设置在遮光板下方，那么从日出到日落整个白天卷帘一直处于开放状态，病房可以从上方开口部一直获得直射阳光。而此时，必须避免阳光从栏杆之间直射到患者的头部。为此，我们模拟了夏至到冬至时的阳光直射，确认了上述设置不会造成不良影响。

② 促进日光照射的病房方案

考虑一整天内患者要以怎样的方式才能接受到足够的阳光照射，我们不仅要分析病房的光照环境，还要研究病房所在的整个住院楼的光照环境。因此，白天里，为了增加患者在病房外的食堂、休息室、走廊等公共区域的日光照射量，我们计划在短走廊的尽头开较大的开口，把通常只设置在南边的食堂、休息室分散设置在南北两侧，使公共区域整体都采光良好（图4）。

在这样的方案中，走廊侧床位的患者在病房内获得的阳光照射不足，可以通过在病房以外的公共区域补充。图5所示的照度模拟可以确认一天内日光在公共区域各个方向的分布。在远离开口部的位置也存在照度不到100lx的地方，1000lx以上的高照度照射仅限食堂和休息室。尽管如此，从公共区域的任何地方

① 遮光板
为了遮挡阳光直射并且还要保证采光而设置的中檐。

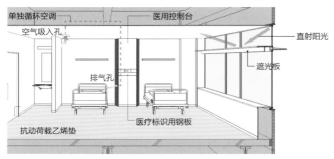

[图3]4床位病房截面透视图

[照片2]4床位病房

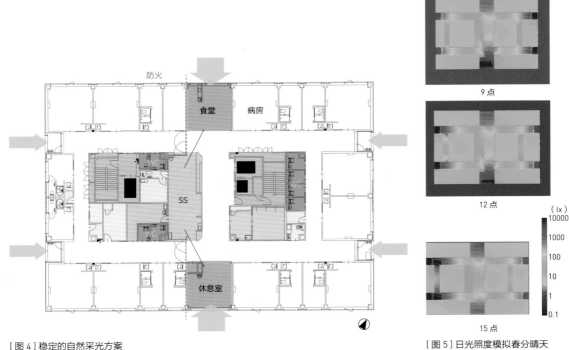

防火

食堂　病房

WC

SS

WC

WC

休息室

[图 4] 稳定的自然采光方案

9 点

12 点

15 点

（ lx ）
10000
1000
100
10
1
0.1

[图 5] 日光照度模拟春分晴天

① **空间的明亮程度（感）**
参照 P11 ③。（详见 P107 第 2 部分第 5 章）。

② **天窗**　参照 P12 ①。

③ **昼夜节律照明**
指在本项目中，考虑昼夜节律的照明控制手法。
可参考 P123 专栏 06-02。

都能看到开口部，明亮的感觉①让人更加开朗，空间变得更加开阔。地板表面使用了带光泽的材料，因此光线不仅可以通过窗户面进入，还能照射到地板上，给人留下整体十分明亮的印象。

虽然病房方案的设计初衷是为了提高患者睡眠质量而积极采光的，可在实际运用中，也有护理人员认为，患者待在明亮的公共区域，降低了吃饭时患者需要护理的程度，也就是说患者本身的自理程度提高了，这个效果也可以说是本方案的意外之喜。

方法2　把两个光照环境分开，创造放松的空间

如图 6 所示，在一个放有 122 个床位的透析室方案中，为了让医疗工作人员便于观测，在天窗②的下部设计了中央主通道，以与该通道相连的方式布置了 8 个单元。

①适合在大空间里长时间治疗的两个光照环境

透析是 2 天 1 次、1 次 3 ～ 4 小时的长时间治疗。虽然治疗需要能放松的稳定空间，但为了让患者透析时可以放松却又不至于睡着，比起长时间一成不变的空间，让患者能够感受时间变化的空间更为合适。为此，我们准备了两个不同的光照环境：一个是利用日光的光照环境，另一个是昼夜节律照明③。

②在通道、工作人员的工作空间内利用日光

日光虽说能够让人感受到外部环境的变化，但是直接的日光照射对于需要安静的患者来说刺激性过强。因此，对正在接受直接治疗的患者影响较小的中央主通道上部，以及通道尽头，采取的是自然日光采光。在中央主通道上，为

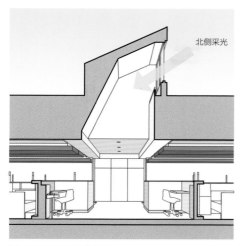

[图6]透析室截面透视图

[照片3]柔和光线射进的自然采光

[照片4]和病房楼层一样,从正面窗户进来的自
然采光通过地板反射

[照片5]带有昼夜节律照明的透析单元

了缓和直射阳光的刺激性,使用高窗①采光方式(照片3)。另外,各通道尽头与病房楼层地板一样,也利用了地板本身的反射(照片4)。

　　③昼夜节律照明

　　治疗床周围的光照环境方面,为了打造光源不会直接进入人眼睛的间接照明(照片5),我们配合昼夜节律进行调光、调色,增加了符合生物规律的变化。通过从透析计数器向上照射天花板的间接照明,以及柔和地照射到天花板吸音材料的间接照明,来为整体提供照明。这些都是通过程序进行控制的。控制时间表如图7所示。基本上是按照一般的昼夜节律来控制的,但是为了确保工作人员工作时的需求,照度不会下降到50%以下,工作开始时的照度与一般时候相比要高20%左右,程序上自定义设定好了,可以确保70%的明亮程度。虽然这种让人不知不觉的变化非常缓慢,但这对于患者每天会停留3~4小时的空间来说是非常合适且必要的。

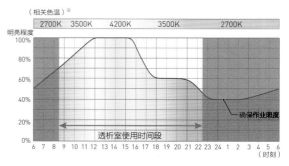

[图7]昼夜节律照明的控制计划表

① 高窗
为了采光而在墙壁的高处开的窗户。

② 相关色温
P23①。(详见P68第2部分1.1)

（坂田克彦·星野大道）

控制光量的疗养空间

柏田中医院

[照片 1] 成为街道地标的外观

关于本项目————

本项目的建筑成了街道地标，引领着整个街道的景观。设计方案以提供治愈疗养环境的"治疗医院"为主题概念，建筑由具有门诊部、手术部、病房等医疗功能的"MEDICAL CUBER"和具有康复训练、透析中心、看护服务等住院功能的"CARE CUBER"，以及连接这些设施的"中间花园"构成，还设置了市民可以沿着车站前面的道路散步的开放式庭院。

① 相关色温

⇒参照 P23 ①。（详见 P68 第 2 部分 1.1）

② 柱灯照明

形状像在岸上用来系船只的木桩。

控制光量，打造温柔空间

医院的光照环境，无论其用途如何，大多都由均匀明亮的光线构成。但是，根据候诊室、诊疗室、病房等不同用途，照明设计需要适当调整光照环境，以利于患者治疗、改善身体状况。在室外和室内，整体上控制光量，会给人以治愈的印象，在功能方面自然得在必要的地方确保一定的照度，用柔和的光充盈整个舒适的空间。为实现这些想法，我们通过以下方法适当调整了光照环境。

方法 1 **低调的柔和灯光　协调的地标建筑**

外部框架采用了方块结构，室内外周围没有用柱子，而是用了有遮阳和防雨效果的"遮光框架钢结构"（图 1）。为了相关色温①不产生差异，尽可能固定房间用途，统一设置用途相同的房间，通过用均匀的光线照射，使"遮光挡板"功能大放异彩。框架使从室内溢出的光呈网格状，让这个提供治疗疗养环境的医院成了街道的地标建筑（照片 1）。

医院的前庭是对外开放区域，可供市民散步。柱灯照明②和安装有 LED 硅灯的室外照明的光线照射到地面，提高了通行安全性，丰富了景观，演绎出了多层次的景致（图 2、照片 3）。

外部长椅的座位下面安装了朝下照射的硅灯，可避免产生向上的光（图 3）。光源不会直接进入散步者的眼睛，所以即使光线很少，散步路线也足够明亮。如此一来，无须设置很高的路灯，地表产生的亮度就能凸显医院的建筑物。因为没有向上的光，也不用担心"光害"，包括这一点都是事先充分考虑了的。

[图1]遮光框架钢结构

[照片2]室外的长椅照明和柱灯照明

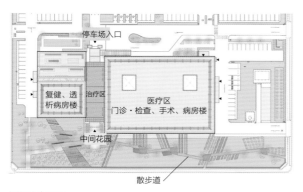

[图2]布置图

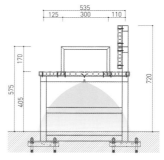

[图3]长椅截面图

方法2 **用自然光、树木、水景等打造景观环境**

　　平时很少出院的患者和工作人员可以通过"中间花园"和连廊在日常生活中感受大自然。连廊内没有直接在天花板上设置照明，而是通过点亮结构框架，展现强有力的工业风，发挥玻璃连廊不可忽视的存在感。

　　从中间花园看过去，视线盲区是梁顶端和天花板的连接部分，墙壁照明（深度配光型）LED向上照射，发出均匀的光线，利用其反射光，让整个中间花园也足够明亮。通过使用"面"反射光线，控制对患者过于刺激的强光（照片3、图4）。

[照片3]中间花园

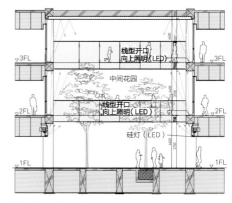

[图4]中间花园截面图

连廊与玻璃扶手用的是一体化照明，可以展现出如同桥面般的浮游感。在脚底下安装 LED 线型地灯，确保通道的亮度，提高视认性，充分考虑了行人的安全（照片 4、图 5）

① 寻路

指在不熟悉的环境中探索目的地的行动。

为了让行人更方便看路，通过光线做了寻路①指引。在综合前台设置了光壁，该光壁由带有金属网状物的特殊玻璃构成。从金属网状物前后照射，会产生细微的漫散光（照片 5、图 6）。在控制过剩光线的同时，通过光壁的设计，增强了综合前台的醒目感，让人可以更快地找到前台。同时，既能整体抑制光量，又能突出光线的重点，主次分明，给整个空间带来了华丽感。

[照片 4] 连廊

[照片 5] 综合前台和光壁

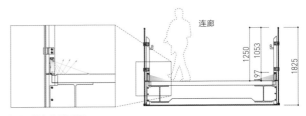

[图 5] 连廊截面图

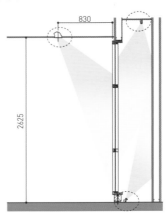

[图 6] 光壁截面图

方法3 曲线天花板和间接照明融合　空间氛围更加柔和

医院的布局方案如果只注重功能的话，很容易设计成直线结构，我们此次通过在天花板上使用曲线线条，与间接照明融合，打破了以往直线型医院布局，使整个空间变得更加柔和。

在休息咨询室和化疗室等患者长时间停留的房间里，同时使用荧光灯和 LED 硅灯，曲线型天花板和间接照明连接，创造了不会过度明亮的柔和光照环境，也减轻了患者的压力。曲线是符合空间布局的自由曲线，LED 照明和该曲线结合，实现了空间的最佳照明效果。

② 建筑化照明

将光源放入天花板和墙壁等，与建筑物融为一体的照明方式。

休息咨询室用的是宽度和走廊宽度相同的大尺寸天花板间接照明，指引人们的行动路线。化疗室的建筑化照明②使患者躺在床上时不会直接看到光源，相关色温在 3000 ～ 3500K，整体呈现暖色调，让人感觉很治愈（照片 7）。

[照片6]休息咨询室

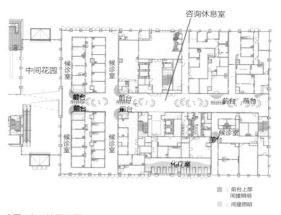

[图7]二楼平面图

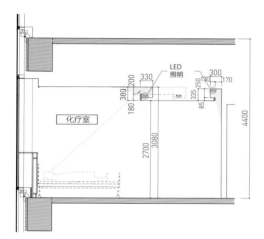

[图8]化疗室截面图 1/100

[照片7]化疗室

透析室的天花板上，安装着深度仅为50mm的紧凑型间接照明，即使在天花板空间不足的房间，也能实现目标光照环境（照片8、图9）。改变天花板表面纹理，使天花板与间接照明的光线融为一体，整个空间温馨且治愈。

（井内雅子）

[照片8]透析室

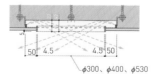

φ300、φ400、φ530

[图9]透析室紧凑型照明截面图

引发感官力量的空间
神户眼科中心 Vision Park

[照片 1] Vision Park（视觉公园）

关于本项目

本眼科医院项目，计划将医院上层用作研究场所，使用 iPS 细胞（诱导性多功能干细胞）进行视网膜研究，下层作为支援视觉障碍者社会生活的"Vision Park"。（图1）在不同功能并存的建筑物中，我们尝试了通过调节光和颜色来实现公共部分的设计。

客户要求不用固守陈规，要超越一般意义上医疗建筑的固有设计，使那些视觉有障碍的人能够尽可能无障碍地过上日常生活，帮助他们恢复坚强活下去的信心。

深入了解在本空间里生活的人 把握他们的需求

在设计本项目时，我们从书本中学了一些知识，比如那些到医院来的眼睛看不见的人是以怎样的心情度过日常生活的，并且去"黑暗中对话"体验馆，身处没有光线、完全黑暗的环境中，在有视觉障碍的工作人员的引导下，利用视觉以外的其他感官，体验了各种生活场景。通过这样的体验，我们实际感受到了全盲的人在视力以外的感官上都更加敏锐，如果是在熟悉的空间，他们可以毫无障碍地行走。由此，我们的想法是使用有规律的地面高低差、家具以及各种各样的地板材料，创立"Vision Park"（照片1）。

在与客户及相关人员的对话中我们了解到，参观该设施的全盲人士实际上不

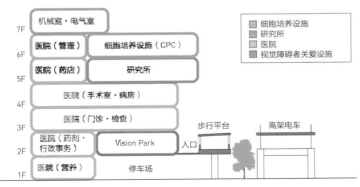

[图 1] 建筑物的用途结构

到参观人数的 1/10，因此很有必要考虑那些弱视[①]患者的用户体验。而且，除此之外，还有比如有视野中心出现暗点、朦胧、视野狭窄等各种症状的人，当然也有很多视知觉没有障碍的人来医院。在与这样的来访者相处的同时，我们探索能够引导人们的方式，以及能够灵活运用身体进行挑战的空间设计。

方法 1 **通过对比传达信息**

对于视知觉有障碍的人以及视力低下的人来说，通过有限的文字和标识，很难充分理解其中的信息。因此，在想要传达什么的时候，为了不只依赖视觉，调动所有感官，我们提供了各种各样的对比，把通过感官能识别的空间作为内部设计的方针（图 2）。例如，颜色的浓淡、家具的凹槽（凹陷或雕刻部分）、地板材料的触觉等，形成了各种各样的感官对比。但用户认为明度[②]的差异是最容易识别的，于是我们在有明度差别的素材颜色选择以及照明方案上，有意识地利用了这一点。

在医院的门诊候诊室，温暖的黄色木制天花板和门前铺着的蓝色带状地毯形成了撞色对比。通过使用黄色和蓝色这样色相[③]上相反的颜色[④]，把人们的视线引导到蓝色地毯上（照片 2）。另外，在蓝色地毯上显示诊室号码，从上方不会产生眩光[⑤]的角度向下照亮号码，此时照度为 800~1000lx。由于候诊室的平均照度为 200lx 左右，因此从色相的对比到诊察室号码的明暗对比，都可以促进人们视线的转移，把人们的视线引导到诊室（图 3）。并且，在门附近的墙壁上设置黑白色的诊室号码，这对于很难看清某一种彩色的患者来说更加容易识别。

① 弱视
眼球无任何器质性病变，经矫正屈光后仍不能达到 0.9 的视力。

② 明度
色彩的明亮度，由物体对光的反射强弱而定。

③ 色相
可见光光谱的色相从长波到短波按照红、橙、黄、绿、青、蓝、紫以及许多中间过渡波长排列，在人眼的视觉上表现出各种色调。

④ 补色

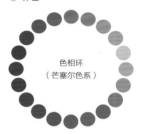

色相环
（芒塞尔色系）

将色相的两端连成环状，称之为色相环，色相环上对应 180° 的色彩互为补色（对比色）。

⑤ 眩光
⇒参照 P5 ①。（详见 P96 第 2 部分第 4 章）

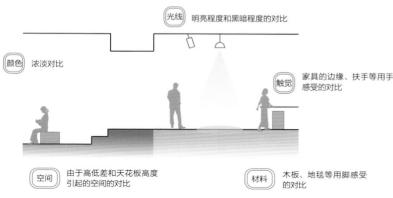

[图 2] 室内设计概念

[照片 2] 医院的门诊候诊室

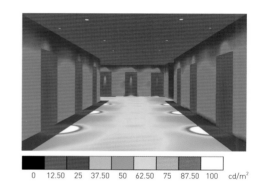

0　12.50　25　37.50　50　62.50　75　87.50　100　cd/m²

[图 3] 等待时亮度的分布模拟

"Vision Park"是建筑物整体的入口空间。在这里，天花板和地板的明度相差较大，那么从入口到里面的光线道路就会很明显，目的是将来访者引导到墙面被照得很明亮的前台（照片3）。

容易被识别的大变化和细微的小变化相组合，对于拥有各种各样视知觉能力的用户来说，这些对比可以成为路标，能促进人们在自发行动的同时被无意识地引导到目的地。我们不仅突出了特定信息的部分，还站在使用者的角度考虑与信息相关的周围环境，从而实现更恰当的传达信息方式。

方法2 着眼于视觉，更注重五感

作为建筑物整体的入口空间，Vision Park 的宣传口号是"去医院玩吧！"，给予受困于视觉障碍的人们以足够的关怀。为了让大家在公园内能够体验到各种各样的生活方式，公园里设置了阅读、放松、下厨、活动、模拟的区域。这些区域之间用楼梯、斜坡、长椅、家具等缓缓区分开来，有意识地利用了这些原本可能成为障碍的物体（图4、照片4）。

从无障碍的观点来看，在建有台阶的地方不安装扶手，也没有盲文，人们对此褒贬不一。而我们从建筑、家具、照明等方面提出问题，并反复讨论[①]，通过和当事人一起确认并细致调整细节，实现了区域被划分开的同时还能随心所欲地活动（照片5）。

① 讨论的成员
[概念设计]山崎健太郎设计研讨会
[家具设计]藤森泰司工作室
[照明设计]内原智史设计事务所

[照片3]为了引导人们从 Vision Park 到达医院前台，设置了一条光线通道，照亮了前台的墙面

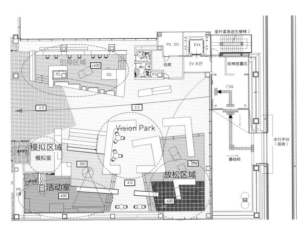

[图4]平面图

[照片4]Vision Park 内的长椅和斜坡

楼梯的高低差和家具的凹凸规律是以 300mm 为单位变化的，家具的凹槽可以用作扶手。园区的地面带有平缓的斜坡，让整个空间更容易被看清。整体布局是以家具为中心呈螺旋状放置，家具的凹槽指引人们向各个角落移动。在家具引导的道路动线规划上，首要吸纳了来访者的意见，且参考了书籍和出版物中有关功能布局的内容。在上部照明方面，我们有意识地让家具顶板的亮度比周围要高，便于使用者识别（图 5）。

　　除此之外，为了让大家在环视四周时能够识别各个区域，并判断自己所处位置，我们用的是高彩度的成套家具，地板材料和家具边缘色彩的变化告诉人们各个区域的边界在哪里。另外，在活动区域，使用 LED 发光抓手①和语音向导，即使有视觉障碍的人也可以享受攀岩世界的乐趣（照片 6）。

　　我们不仅着眼于视觉，更着眼于整个五感，在即使被认为是有"障碍"的环境中，也能配合人们的心情和喜好，创造出不管眼睛能否看见，所有人都可以共度的空间。隔断及其周围物品具体要如何布置，这影响到实际使用效果，所以我们需要有意识地去研究。虽然这些说法听起来很老套，但并不会过时，未来我们也应该进一步探索更好的做法，实现一个更加包容的社会。

（柴家志帆·山崎弘明）

① 抓手
安装在人工墙壁上的突起物，以使人们在攀岩过程中抓握。

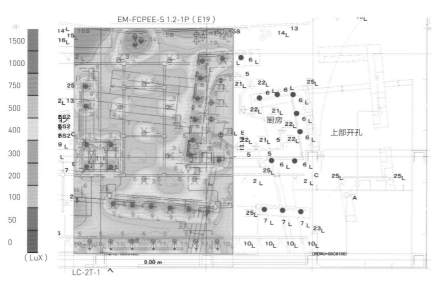

[图 5] 成为公园向导的家具配灯和照度

[照片 5] 与用户确认模型

[照片 6] 在攀岩区域，LED 发光抓手能让人享受攀岩的乐趣

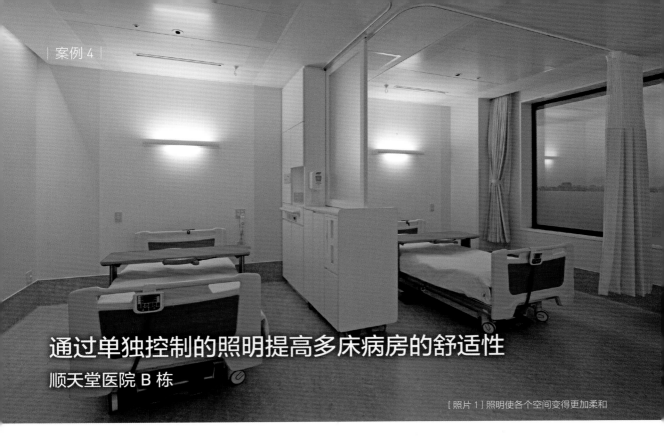

通过单独控制的照明提高多床病房的舒适性

顺天堂医院 B 栋

[照片 1] 照明使各个空间变得更加柔和

关于本项目

这是为了纪念成立175周年的医院而重建的建筑，设计理念是"建成百年建筑，建成最先进的生态建筑，建成可持续发展的建筑"。

医院的建筑群从东至西共三块，西侧是大学，中央和东侧是医院。这里介绍的顺天堂医院B栋（2号馆）位于中央，由病房（病床数大约占医院所有病房的一半）、急救中心、中央诊疗部门等组成。本建筑与东侧的1号馆等相连，也与西侧的大学连在一起，在医院功能中起到核心作用。

① **眩光**
⇒ 参照P5 ①。（详见 P96 第 2
部分第 4 章）

多床病房照明提高舒适性的方法

对于顺天堂 B 栋的病房，我们的目标是向住院患者提供更加舒适的环境和设施，打造不让患者感受到压力，帮助患者提高治愈力的病房空间。本住院部的病房有单人间和多床病房之分，无论哪种我们都努力做了改善。接下来为大家介绍以 4 个床位的准单间为主的方案。

4 个床位病房的照明设计通常如图 1 所示，在房间中央的通道部分设置用于确保房间整体亮度的整体照明灯具，很多是在病床周围配置活动式壁灯或兼落地台灯的读书灯（桌面折叠台灯等），患者个人的喜好和需求完全没有被考虑在内。

另外，在功能方面，明明很多时候在床上给患者做医疗处理时更需要光线，反而照向通道的光线更多，整体光照的分布并不合理。而且，无论房间里有多少个患者，整体照明灯具大多是从早到晚一直处于全部打开的状态，这也很浪费能源。而且因为是天花板照明，对于睡在床上的患者来说，这样的照明结构会产生眩光①，让人觉得晃眼。除此之外，如果拉上各个区域之间的窗帘，走廊一侧的病床就看不到窗户，相对比较黑暗，所以大家都不想要靠近走廊的病床。由此可见，传统照明方式的问题很多。

本项目提供了能够解决上述问题的方案，让每个患者都能调整到自己喜欢的光照环境。病房中使用的是在每个床上设置多灯分散照明[①]。对于偏暗的走廊侧病床，通过提高空间的明亮程度[②]，来改善人们对于走廊侧病床光照不足的印象。

方法1 照明的独立控制方式和空间规划研究

在本方案中，我们分析病房所需光线有以下4种。

① 床边空间的基础灯：患者一天要花很多时间在这里，所以需要和普通家庭生活环境同等的亮度，也需要考虑患者在躺着时是否方便开灯。

② 患者读书、吃饭、做手工等视觉活动所需的灯光：在有限的时间、特定目的下所需的亮度。

③ 对患者进行医疗处理时需要确保必要亮度的灯：最好能够聚焦患者需处理部位，或者能够均匀照射在其身体表面。

④ 夜间上厕所用的灯：房间整体都开灯的话，会影响其他患者以及本人的睡眠，所以只需要在脚下照亮前往厕所的路。

为了满足以上所有条件，我们做了下述方案：
在每张床上，设置了①为了实现床边亮度的环境照明[③]，②用于照亮手边的工作照明[④]，使各个照明灯具能够分别打开或关上（图1），做到独立控制。

我们设想了将独立控制的照明灯具设置在床头侧的墙面上，上射光线（承担环境照明功能）和下射光线（承担工作照明）组合起来，使用壁式照明灯具[⑤]，可以单独开灯或关灯。

一方面，患者可以根据自己的喜好单独控制自己床边的灯，提高患者的满意度。但是另一方面，开关自己床边的灯也可能会打扰到其他病人。因此，为了确认这个方案是否对视觉环境有影响，我们对实验对象进行了实验。

在实验使用的模型病房中，床头侧的墙面上只安装个人照明，如上所述，可以与床边的灯（工作照明）和朝向天花板的灯（环境照明）组合起来使用。考虑如果打扰到其他床位的患者，那么相邻床位受到的影响最大，所以我们只配置了相邻的两张床进行实验。体验了自己的床和旁边的床（模型病房的床之间没有隔断家具等，只有拉帘。另外，实验是在打开拉帘的状态下进行的）的不同开灯状况，结果是并不会影响到相邻床位，这种照明得到了实验对象的好评。实验对象的年龄从 30～80 岁，共计 50 人。

图2显示了自己床位和相邻床位在不同条件下的评价结果。光色统一为昼白色。从评价的平均值来看，如果自己床位的灯是 OFF（关闭）的，旁边床位的灯是 100% 亮度的话，会感觉到轻微的不舒服，但是从整体来看这种感觉只有 0～0.5，于是可以推测这点不舒服是在可以容许的范围之内。

另外，我们请实验对象体验了灯泡色和昼白色两种光色[⑥]，发现大家对周围照明、工作照明的灯泡色喜好不同，如图3所示。有一定数量的人喜欢昼白色，

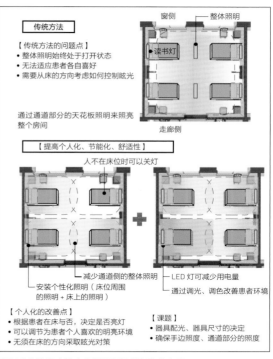

[图1] 传统多床位病房的照明示例和改善方案

① 多灯分散照明方式
与在一个房间里只安装一个照明灯具的"一室一灯照明"相比，它是一种分散安装多个照明灯具，控制每一个灯的消耗功率，只照亮房间需要的地方的照明方式。

② 空间的明亮程度（感觉）
⇒参照 P11 ③。（详见 P107 第 2 部分第 5 章）

③ 环境照明
⇒参照 P7 ①。

④ 工作照明
⇒参照 P11 ②。

⑤ 壁式照明灯具
安装在墙面上的照明灯具。

⑥ 光色
照明光本身的颜色。关于光色的区分可参照 P69 第 2 部分 1.1.1 表 1。

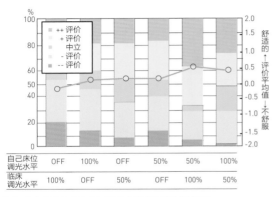

[图 2]自己床和邻床的开灯状况的舒适性评价结果

| 自己床位调光水平 | OFF | 100% | OFF | 50% | 50% | 100% |
| 临床调光水平 | 100% | OFF | 50% | OFF | 100% | 50% |

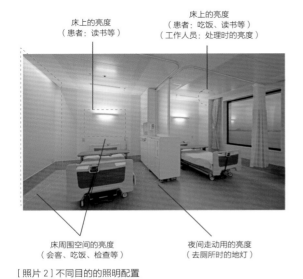

[照片2]不同目的的照明配置

床上的亮度（患者：读书等）

床上的亮度（患者：吃饭、读书等）（工作人员：处理时的亮度）

床周围空间的亮度（会客、吃饭、检查等）

夜间走动用的亮度（去厕所时的地灯）

环境照明

昼白色 11%

灯泡色 89%

工作照明

昼白色 33%

灯泡色 67%

[图3]光源（色温）偏好的确认结果

但因为环境照明和工作照明的比例不一样，所以可以推测出，即使整个环境中同时存在多个色温的光源，患者也能够接受，并不会感到不适。

包括单独控制的照明在内的病房整体照明方案

下面介绍在上述实验的基础上而完成的空间设计（照片2）。

首先，从安装了灯具的空间规划来看，在病房内的床和床之间放了隔断家具，那么即使1个房间里有4个床位也能确保类似单间的私人空间。隔断的上部采用了扩散透光的材料，这样白天柔和的自然光可以照射到走廊一侧的床上，而且隔断也可以遮挡住多余的视线。另外，在夜间，隔断还起到了适度遮挡隔壁床位照明的作用，有助于确保患者的隐私和舒适性。

我们改良了类似单人间空间中使用的照明灯具，使用了图4所示的折叠照明灯具。这种灯作为整体照明照向天花板，一方面具备广角配光且高功率的上射光，在下方照亮手边时也不会产生眩光，可以用作间接照明，将反弹到墙面上的光传递到患者周围。根据这个方法，患者即使躺在床上也感受不到晃眼的眩光。另外，关于间接照明，在上射光、下射光都打开时，床面中央的照度有350～442lx（实测值），使病房内床上能够确保适当的照度。在只打开下射光的情况下，减少了对隔壁床位的影响，将相邻床位边界部分的垂直面照度控制到了70lx左右（照片3）。

此外，在相关色温[①]方面，根据上述实验结果，在每个单独空间（4床位房间拉上了卷帘的独立小空间）中导入了调光调色功能；为了确保4床位病房整体色温的统一性，将整体照明部分统一为大多数实验对象选择的类似灯泡色的温白色（相关色温3500K），可自主控制开灯／关灯（没有调光功能），此相关色温与早上—中午—傍晚外部光线的相关色温变化相差并不大，而且不妨碍患者在床上的睡眠，这也是选择该相关色温的理由。

① 相关色温
⇒参照 P23 ①。（详见 P68 第 2 部分 1.1）

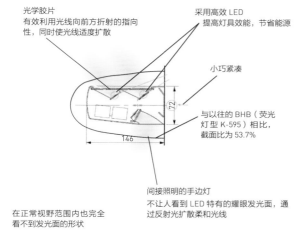

光学胶片
有效利用光线向前方折射的指向
性，同时使光线适度扩散

采用高效 LED
提高灯具效能，节省能源

小巧紧凑

72

146

与以往的 BHB（荧光
灯型 K-595）相比，
截面比为 53.7%

间接照明的手边灯
不让人看到 LED 特有的耀眼发光面，通
过反射光扩散柔和光线

在正常视野范围内也完全
看不到发光面的形状

[图4] 折叠照明灯具　光学控制说明（截面）

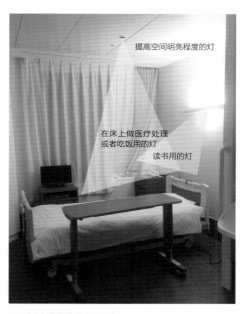

提高空间明亮程度的灯

在床上做医疗处理
或者吃饭用的灯

读书用的灯

[照片3] 病房床边的照明

在各床的天花板上设置了可以大范围照射床上的纵长配光，这种深型下射灯即使患者躺着也很难看到光源，既确保了床上医疗处理时的亮度，同时也可以作为患者吃饭、读书等多种用途的照明来使用。

方法2 通过间接光线打造走廊侧区域柔和温暖的空间

4 个床位分为靠窗侧床位和靠走廊侧床位。通过使用隔断家具或拉帘，可以优先确保个人隐私，但走廊一侧的床位就很难眺望到窗外的景色，所以很多患者都不愿意使用走廊一侧的床位。在本方案中，虽说隔断家具的一部分是透明材料，但还是不能否认日光难以照射到走廊一侧，这里的床位会给人一种相对暗的印象。因此，为了尽可能地弥补靠窗侧和靠走廊侧床位周围光照环境的差异，我们用安装在天花板上的间接光源照射走廊侧床位靠近走廊侧的一边。

上述折叠照明上射光也照亮了天花板，再加上安装在墙壁上部的间接光源，垂直照度提高了 100lx 左右。走廊侧床位的空间亮度提高了，甚至会感觉空间也更加宽敞了。当然，墙壁间接光源的安装方式已经做了处理，不会照到躺在床上的患者的眼睛，而且墙面也不会过度明亮。间接光源给病床带来了恰到好处的亮度，与相关色温相得益彰，打造了柔和温暖的空间。

在我们设计的病房投入使用后，医院反馈现在很多患者反而想要靠近走廊的床位。过去很多病房都过于重视功能，设计的目标只是满足视觉作业，但如果把看起来很多余的氛围都考虑周全，会让病床显得更加舒适，可以帮助那些与病魔做斗争的患者。　　　　　　　　　　　（中野信哉）

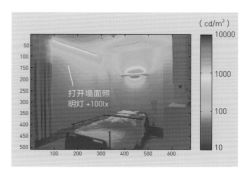

（cd/m²）

打开墙面照
明灯 +100lx

[图5] 床边亮度图像（墙面照明打开）

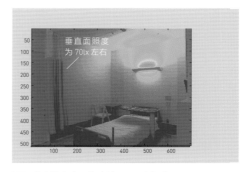

垂直面照度
为 70lx 左右

[图6] 床边亮度图像（墙面照明关闭）

充满自然光的体育场馆
津市产业 · 体育中心 · SAORINA 中央体育馆

[照片 1] 中央体育馆内观

关于本项目

三重县津市为了解决现有体育馆、市民游泳池、县立武道馆的问题，于2017年新建了武道馆和三重武道馆，作为2021年举办的三重常若国民体育大赛、三重常若大赛的中心会场。体育建筑群的外观展现出了有山有水、自然资源丰富的津市海边的波浪、街道的繁华、山峰的连绵。平面设计以各场馆入口的"运动员街"为中心，通过主题颜色引导游客到目标场馆，并将这些颜色用在内部装饰上（图1）。

① **亮度传感器**
检测在一定区域内射入的光量的传感器。

② **光管**
利用内侧作为反射面的管道，将日光引导到室内的装置。

利用积极的自然采光　打造运动照明环境

近年来，越来越多的人关注身心健康，关注对健康有益的自然采光，在本项目中，我们的目标是通过积极的自然采光，打造健康良好的运动照明环境。一般体育馆都是有高窗的，但在追求稳定光照的竞技时段内，大多会拉上窗帘，于是窗户本身的存在感被削弱了，这离我们提出的目标相距甚远。于是我们就考虑，如果像办公场所那样能够将光线与日光联动进行控制就好了。然而，由于在大空间很难通过亮度传感器①进行控制，很难实现自然采光。为了解决这个问题，我们从以下2个观点，为大家介绍运动场馆中日光和 LED 照明环境的解决方案。

方法 1　利用光管和自动调光系统　实现积极的自然采光

本场馆如上所述，以"通过积极的自然采光，打造健康良好的运动照明环境"为目标，实现了自然采光。具体方法是使用光管②（图2），该光管效果与人工照明相同，不受季节、时间段的影响。

通常，光管的问题是安装空间是否足够。因此，我们制订了设计目标照度，研究了相应的光管尺寸。

由于本场馆是多用途的，因此我们将晴天的 8 点到 16 点中央体育馆部分的照度每年平均设定在 200lx 以上（娱乐活动所需的照度）。另外，由于在体育国际大赛上不能利用自然采光，因此我们还在中央体育馆设计了可以通过开关来遮挡高窗和光管光照的功能。

根据模拟结果（图 3），要想维持目标照度，需要截面尺寸 2m×2m、长 16m，在南北各 1 根 8 列，共 16 根光管（图 4）。

通过将光管安装在主结构箱形桁架内，确保了光管的安装空间，使建筑、结构件、设备融为一体。一般来说，光管是在建筑的施工结束后再安装在指定位置上的，但本次我们通过与照明灯具一起在地面组装阶段就直接将其安装在箱形桁架内，可以减少高空作业，提高施工效率，有助于缩短工期、削减施工费用（照片 2）。照片 3 是在地面组装了照明灯具和光管的箱形桁架单元安装现场，此时正在用吊车将此单元安装在指定的位置上。

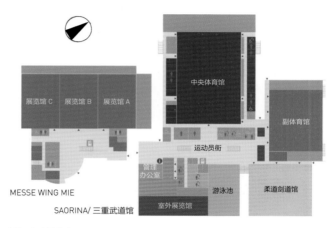

[图 1] 建筑物布局和 1F 平面图

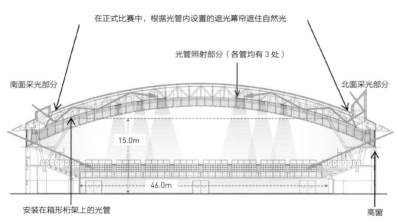

[图 2] 光管示意图

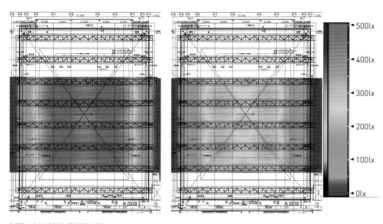

[图 3] 光管的模拟结果
（左：夏至 12 点，右：冬至 12 点）

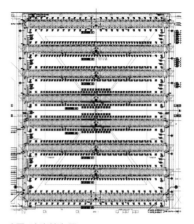

[图 4] 光管布局

[照片2] 安装在箱形桁架内的光管

[照片3] 箱形桁架安装现场

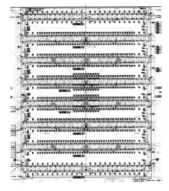

[图5] 自然采光时的地面照度测量结果

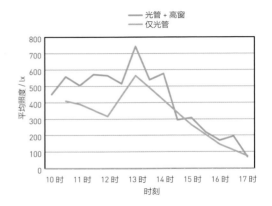

① 高窗
⇒参照 P29 ①。

② 图像传感器
能感受光学图像信息并转换成可用输出信号的传感器。
一般的亮度传感器对整个受照面的照度做出反应，难以进行细致的调整，但通过图像传感器检测明亮度时，可以针对特定区域的明亮程度发生反应等，可调节性更大。

③ 游车
发动机转速出现不规则或不可控变化的现象。

竣工后，我们在 8 月 2 日（晴天）测试了自然光的照度。在 10 点～15 点之间，仅光管就可以保证足够娱乐使用的 200lx 以上照度（图5）。除了光管之外，如果在没有拉上高窗①幕帘的情况下，10 点 30 分到 14 点之间的照度为 500lx 以上，室内非常明亮（由于测定时间不同，以及不同时段云朵的影响等，可能会导致部分结果不同）。

然而，自然采光是时刻在变化的。为了确保竞技环境的光线稳定，照明的自动控制系统是不可或缺的。但是，在传统手法中，自动控制的传感器在感应距离上是有限度的，不适用体育馆这种天花板很高的环境。如图 6 左所示，如果安装在传感器可检测到的距离内，那么可安装的地方很有限，体育馆地板很亮，反光可能会导致传感器误动作。实际上，大空间里很少使用自动调光系统。因此，为了解决传感器检测距离的问题，我们决定改用图像传感器②（图6右）。

除上述问题之外，LED 输出控制的方法也很重要。如果太阳被云朵遮住，照度会出现急剧变化，是会影响视觉的，因此自动调光人工照明的反应速度很重要，但是如果一味加快反应速度的话，会产生"游车"③等其他问题。因此，我

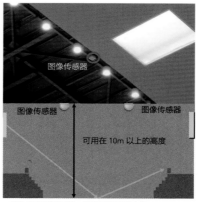

不能用于很高的天花板
（只能到 5~7m）

传感器　　　　　　　　　　　传感器

因来自高窗的自然光的反射而误动作

图像传感器

图像传感器　　　　图像传感器

可用在 10m 以上的高度

因为不会检测反射，所以可以正常动作

[图6] 传感器的对比

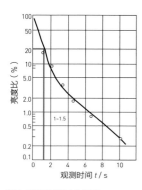

[图7] 眼睛的适应曲线

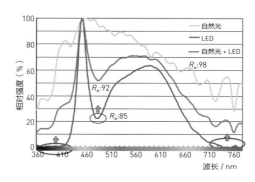

[图8] 人工照明和自然光的波长特性

们研究了人工照明照度下限值的设定和自动调光的变动速度，把照度下限值定为设定照度的 20%，在周围突然变暗的情况下，眼睛 1 秒就能适应[①]（图7）。另外，在灯具需要变亮时（周围环境变暗了时）调光速度是快速变亮，灯具需要变暗时（周围环境变亮了时）则是缓慢变暗。

　　为了确认自动调光系统的运行状况及效果，在 6 月的晴天，调光到平均照度 500lx，测定了通过自然采光自动调光的情况和仅用人工照明保持照度 500lx 时的电力消耗量。使用了图像传感器的自动调光系统，与仅是人工照明的情况相比，照明耗电量减少了 46%。

　　另外，普通 LED 光里部分波长的光线是不足的，但是引入自然光可以弥补不足部分的光线。在本场馆中，以一般显色指数[②]表示的话，仅用 LED 时，一般显色指数是 R_a85，而通过同时使用自然采光该数值提高到了 R_a92（图8）。

方法2　通过多灯配置　提高光线均匀度，降低眩光

　　以往的大空间照明方案也会考虑维检的问题，如果用 LED，得使用 250W 左右的大功率灯具，要尽量控制灯具数量。LED 灯具有高效率、小巧、寿命长的特点，维修养护的方法不尽相同。另外，与用少量大功率光源照亮大空间相比，通过使用小功率光源、配置多个灯具，能够实现以下两种正向效果。

① 视觉适应
视觉器官的感觉随外界亮度的刺激而变化的过程。（详见 P80 第 2 部分 2.4）

② 一般显色指数（R_a）
以待测光源与参考光源分别照射某物体时，其显现颜色的符合程度。R_a 越接近 100，就越与基准光源下的颜色一致。（详见 P72 第 2 部分 1.2.1）

① 均匀度

规定表面上的平均照度与最小照度之比。可以说这个比例越接近1，照明的空间变化越小，是一个均匀的空间。

② 眩光

⇒参照 P5 ①。（详见 P96）

[照片4] 使用了无人机的照度测量仪器

在无人机（DJI 制造，INSPIRE2）上，6 个方向搭载了照度传感器（T&D 制造，RTR-574）。

第一，如果是相同配光的光源，则小功率光源的多灯配置型的均匀度①较高。图 9 是与普通大功率灯具比较均匀度的结果。特别是在比赛中，球类会到达高空 6m 处，在 6m 处本方案的光照均匀度效果非常明显。

第二，降低眩光影响。为了在不改变天花板高度的前提下确保很好的光线均匀度，又减少灯具的数量，则需要选择配光范围大的灯具。图 10 展示了配光 A 和 B 的最大亮度，但是在宽配光 B 中，视线经常看到的 30°~45°处的最大亮度相对更高，并且容易产生眩光②。另一方面，窄配光 A 在 30°以下的位置，最大亮度也比 B 低。也就是说，较窄的配光有助于减少眩光。

基于上述两点，本场馆的设计照度以举行正式比赛为前提，定为 1500lx，因此我们决定分散安装 692 台（地板面积约 6000m²）80W 的照明灯具（前面所示的窄配光灯具 A）。

并且，光线均匀度和眩光方面，我们不仅做了模拟，在建筑完工投入使用后，我们也确认了具体的使用状况。

首先，利用无人机（照片 4）按不同高度分别测量了人工照明条件下的水平面照度（9m 间隔），如图 11 所示。确认了均匀度是地面 0m 处为 0.88，高 6m 处为 0.82，这比模拟值还高。

接下来是实验对象参与的眩光评价实验³⁾（实验方法参照图 12）。因为一般的消遣娱乐性体育场馆主要是用来租借的，为了维持普通民众体育运动所需

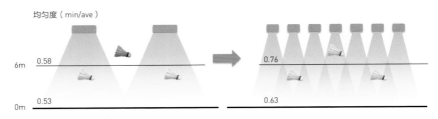

均匀度（min/ave）

6m 0.58 → 0.76

0m 0.53 → 0.63

[图 9] 均匀度的验证结果

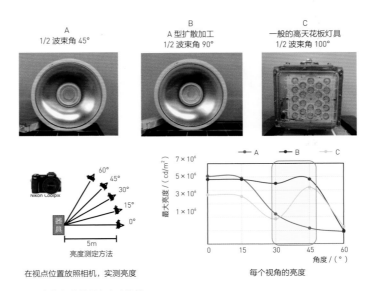

A
1/2 波束角 45°

B
A 型扩散加工
1/2 波束角 90°

C
一般的高天花板灯具
1/2 波束角 100°

60°
45°
30°
15°
0°

Nikon Coolpix

5m

亮度测定方法

在视点位置放照相机，实测亮度

最大亮度/（cd/m²）

每个视角的亮度

角度/（°）

[图 10] 照明设备各角度的最大亮度比较

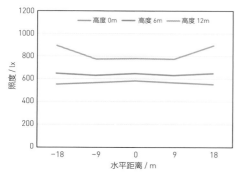

[图 11] 空间照度测量结果①

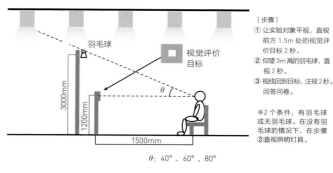

[步骤]
①让实验对象平视，直视前方 1.5m 处的视觉评价目标 2 秒。
②仰望 3m 高的羽毛球，直视 2 秒。
③视线回到目标，注视 2 秒。回答问卷。

※2 个条件，有羽毛球或无羽毛球。在没有羽毛球的情况下，在步骤②直视照明灯具。

θ: 40°、60°、80°

[图 12] 实验对象参与实验示意图

的照度，光源的输出设定成地面照度为 500lx。图 13 是 20 个实验对象的眩光评价结果。和类似的大规模空间（体育馆）评价结果（所有场馆都用大功率照明灯具）做了对比[3]。除此之外，虚线所示建筑的照度不到 500lx，其他的在 500lx 以上。不论 LED 或 HID 的光源如何，本场馆比任何场馆的眩光等级都低。因此我们确认了小功率设备多灯配置方案对于降低眩光十分有效。

另外，照明灯具的多灯配置方式最让人费心的是施工方法和维护。施工方法如上所述，由于照明灯具安在箱形桁架附属检修通廊下部，所以可以从检修通廊的检查口进行维护。

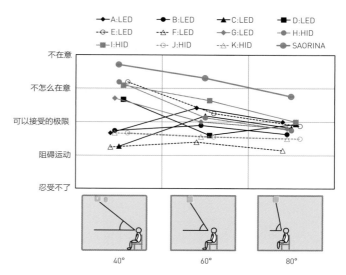

[图 13] 眩光评价结果

本场馆以积极的自然采光打造健康良好的体育照明环境为目标，同时利用了 LED 照明的特性，实现了打破常规的照明方案。使用了光管，开发了自动调光系统，实现了本体育馆充满自然光的目标，这些迄今为止其他体育馆都没做到。

除了上述介绍的技术外，由于体育馆还要举办体育竞技以外的各种活动，我们采用的是简单将照度调为 1500lx、1000lx、500lx 的系统，以适用不同场合。另外，考虑分开对外租借不同场馆，照明控制可以控制整个场馆，也可以有针对性地控制场馆面积的三分之二、一半（二分之一），或者三分之一，共计 4 种类型。从日常体育活动到电视转播的国际大赛，本体育馆都能广泛灵活应对各种场合，深受大家的喜爱。

（筱原奈绪子）

[照片 5] 实验情形

① 水平距离 0m 位置是图 2 的剖面图中央，左侧为 - 方向，右侧为 + 方向。在 12m 高的位置，-18m 和 18m 的测量位置照度之所以高，是因为天花板的形状是南北方向的拱形。

3

增加演绎效果的颜色·光

平时，我们会离开日常生活，去到各种各样的非日常空间进行特别的体验。在那里，照明除了要让人们清楚准确地看到对象物体之外，还需要对空间氛围有加持效果。在这里，为大家介绍几个在照明颜色和布置上很讲究的最新案例，这些案例无不实现了用照明演绎空间的效果。

非日常空间之一是展览空间。展览空间也有很多种，美术馆就是其中的典型例子。美术馆，如其名，展示的是美术作品，让游客鉴赏美术作品是最大的目的，但是不同的照明下所展示的美术作品给人的印象也截然不同。光的颜色和光的质量（光谱分布）会让同一件美术作品的颜色看起来判若两个。如果是不同照射光线的方向和强度、照射的范围，同样的美术作品展示出来的效果也不尽相同。而且，考虑来美术馆的游客处于各个年龄层，他们的身体状况也不一样，所以让游客都能安全、舒适地欣赏美术作品是最重要的。因此，我们除了优化各个展览作品照明的颜色和光线外，也非常重视空间整体的照明方案。

动物园、水族馆等展示生物的空间也是我们能够体验非日常生活的重要场所。在这样的空间里，由于展示对象是生物，所以照明除了有协助展示的功能之外，还需要考虑对生物生态的影响。而且，和美术馆一样，得让游客安全、舒适地参观。在这里介绍的案例中，照明除了展示物品的美观之外，还考虑了生物生态，用照明来演绎整个空间，提供让游客感动的特别体验。

祈祷的空间也是远离日常、让人重新审视自我的特别空间。在这样的空间中，照明能够让人准确看到物体，还可以有效地演绎出身处日常空间之外的效果。

如此可以看出，照明在非日常空间中也是实现建筑设计师意图的重要手段。通过介绍这些从建筑的基本设计阶段开始用心制作照明方案的实例，可以让大家了解到照明的重要性。

（向　健二）

案例 1 HOKI 美术馆

[设计] 日建设计／[竣工] 2010 年 8 月／[地址] 千叶市绿区
美术馆收藏并展示了馆长保木将夫先生收集的写实绘画。其外观是
30m 长的悬臂结构，所有照明都用 LED，每幅画配备 10~30 个灯，
可以进行细微的调整。

案例 2 NIFREL

[设计] 竹中工务店／[展示设计] 总媒体开发研究所／[照明设计]
照明设计事务所／[竣工] 2015 年 8 月／[地址] 大阪府吹田市
这是一个体验型博物馆，包括美术馆、博物馆、动物园、水族馆等。
NIFREL 源自概念"感受，感性"。其光照环境适应生物生态，是
可以让游客感受生物多样性的场所。

案例 3 彼得之家（小教堂）

[设计] 大成建设／[竣工] 2010 年 9 月／[地址] 东京都文京区
在天主教关口教会地基内建设的彼得之家，为教会献出了一生的高
龄神父们共同生活在这里。本书中的案例就是其中的祈祷空间（小
圣堂）。

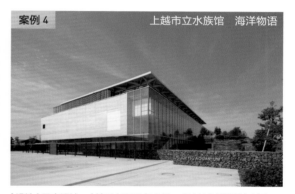

案例 4 上越市立水族馆　海洋物语

[设计] 日本设计／[竣工] 2018 年 5 月／[地址] 新潟县上越市
这个水族馆建在日本海沿岸。水族馆里的大水槽再现了上越海底地
形特征，整个水族馆展示了水生生物的生态环境，有效引入的自然
光让人仿佛置身海底世界。

光只为绘画点亮的空间
HOKI 美术馆

[照片1] 画廊里

关于本项目

HOKI美术馆是收藏、展示馆长保木将夫收集的约300幅细密画的私人美术馆。除了画廊，还设有餐厅、咖啡馆等。美术馆紧邻绿意盎然的昭和森林，为这片绿色增添了艺术文化色彩。本美术馆是专为细密画而设计的，所以采用了美术馆原型"画廊"的空间形式，目标是为观众打造最适合欣赏细密画的空间。

让人意识不到灯具存在的照明方案

在展厅，除了所展出的绘画和游客，其他东西最好是悄无声息、没有存在感的。在仔细欣赏笔触细致绵密的绘画时，即使墙壁有一个接缝都会妨碍鉴赏。一般来说，很多时候美术馆会根据绘画等展品的种类做隔断，分出单独的空间。本项目使用最少限度的装饰，用一体化的结构打造整个空间，而且不让人看到任何接缝接口。正是这种堪称极端的执着，让人感受到无机的现代化设计，营造了长廊无限延伸的错觉。

我们通过布置多个小型照明灯具，尝试通过照明来烘托画家作画时的意图。也就是说，照明方案可能对绘画起到了演绎作用。

方法1 在天花板上大量埋设超小型照明灯具

很多美术馆可以自由决定照明的安装场所和照射角度，所以做方案时会使用悬挂型聚光灯照明。

但是，在HOKI美术馆（图1），如果从延伸的长廊到空间内部，都可以看到悬挂型聚光灯与天花板相连，就让人感觉这不适合以细密画为主角的空间。因此，我们制订的目标是打造只让落在绘画上的光存在的空间，消除其他物体的存在感。

在人们欣赏绘画的时候，照明再现作家看到的光线状态，用以凸显那幅绘画作品。也就是说，在绘画中看起来是被光照射的高光部分，我们可以通过照明强调这一点，对于画家描绘的阴影部分，我们也有意识地不让光线照到，那么就应该可以更明确地把绘画想要表现的意图传达给游客。

为了尽可能地消除照明的存在感，并在绘画作品上形成光的浓淡，我们考虑了在天花板上埋设多个小型照明灯具。

首先，为了收纳包括照明在内的所有设备，我们计划在天花板上开多个 ϕ64mm 的小孔。这些安装在小孔上的照明是用来照亮绘画作品的。我们对这些照明的光源做了选型：小巧且可安装在小孔内，拥有锐利的光线，便于配光控制，可以重点突出照射画的某一部分。基于这些要点，候选产品有低压卤素灯和 LED 灯两种。

本次方案的重点是，为了让画一直沐浴在最佳光线中，光线的方向要能够被灵活控制。所有画的照明都需要有调光功能，而且不论画的尺寸是多少，照明都要有几乎同一程度的垂直面照度。在这些方面，虽然两种灯具都满足条件，但是在调光带来的色温[1]变化这一点上，低压卤素灯和 LED 灯有着很大区别。

通过调光，卤素灯的色温会发生变化，这大多被善意地评价为白炽灯表现力丰富。另一方面，也有人认为，像荧光灯和 LED 灯那种，不论输出是多少，相关色温[2]都不会有变化，这种灯不够自然，实际很难用好。因此，很多美术馆都选择使用卤素灯。

而在本方案中，我们对从不同方向不同距离照射绘画的光进行聚焦调整，对于调光时相关色温会发生变化的卤素灯，除了调整照射方向和调光输出之外，还必须使用色温转换滤波器等进行颜色的校正。与此相比，LED 灯在调光时色温没有变化，面对任何尺寸的绘画作品，更加容易做到在一定的相关色温下以适当的垂直面照度照射绘画，这正符合我们的设计初衷。

方法 2 通过目视验证 LED 光源的显色性和演绎性

除了上述相关色温的问题之外，研究过美术馆照明的人也会强烈感受到显色性[3]的。CIE（国际照明委员会）对绘画作品的推荐照明一般显色指数[4]是 $R_a \geqslant 90$。作为一种白炽灯，卤素灯光源 $R_a=100$，擅长忠实地再现颜色。另一方面，LED 灯的 R_a 不足 100。而功率和显色性呈反比，大部分高输出的照明显色性并不高。

我们在使用 LED 光源的时候，最担心的是绘画的颜色与卤素灯照射相比会有怎样的差异。因此，我们向画廊老板借了几幅风格、笔触迥异的画，准备了卤素光源和 3 种最新 LED 模块元件（图3），目测比较了照射效果（照片2）。

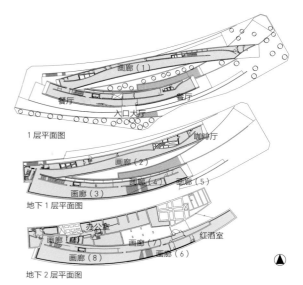

[图 1] 美术馆平面图

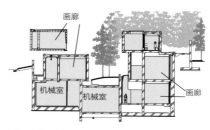

[图 2] 截面结构

① 色温
⇒参照 P23 ①。

② 相关色温
⇒参照 P23 ①。

③ 显色性
与参考光源相比较，光源显现物体颜色的特性。

④ 一般显色指数
⇒参照 P45 ②。（详见 P72 第 2 部分 1.2.1）

[照片2]照明对绘画影响的验证

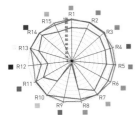

— A 色温 3300K 20.0lm/W R_a=97.6
— B 色温 4120K 35.3lm/W R_a=95.2
— C 色温 3070K 37.0lm/W R_a=79.2

[图3]LED元件的显色性（选定元件C）

① 光谱分布
表示从光源发射的光所包含的各波长的光的构成比例。

另外，在将LED光源作为展示照明的候选时，我们最看重的不是光的"显色性"，而是光的"演绎性"。本着这种想法，在画廊老板、画廊相关人员、画家的共同见证下，我们最终选定了最适合的光线。

我们确认的结果是，3种LED模块元件中，元件C超越了其他LED光源、卤素灯，在最佳条件下能够凸显细密画的笔触，提高了绘画整体给人的印象。从图3可以看出，元件C的R_a自然比不过卤素灯，而且与其他元件相比，也绝对不是最高的，但从效果上看反而是最好的，这是个非常有趣的结果。

CIE认为，对LED显色性评价不一定要用传统的显色指数（R_a、R_i）。并且，R_a是"对颜色外观的忠实评价方法"，也提到了忠实不等于"看起来比原物更好"，应该通过目测验证后再做判断。

本次我们以光源照射细密画时的"演绎性"为重点，验证并选定了元件，但根据照射对象的不同，其他的元件也可能是最佳选择。例如，本馆展示的很多绘画作品里的环境不是卤素灯照射出的光照环境，而是荧光灯和自然光照射的，所以这点也有可能是我们认为LED元件C更为出色的一个原因。所以，如果前提条件不同，解决问题的答案也会不同。在将来的美术馆照明中，根据绘画环境及其色彩，展示作品的照明可能需要进行多种细致的调整，事先考虑好这一点，具有多种光谱分布①特性的高输出LED光源很有可能为绘画增加更多的观赏性。

方法3 缩短聚焦作业的时间

对一幅作品，配置10~30个超小型LED照明，这些照明的色温不同，有2700K和3000K，每种色温的照明半数搭配在一起（图4），以满足"每个作品所要求的色温、照度都不同"的单独细微调整要求。

调光的精细等级按相关色温进行设定，在要求的必要照度（比如正方形1m×1m的绘画，画面平均照度为200lx），以不同相关色温的照明灯具各占一半的数量能够提供足够照度的比例进行配灯，在确保必要照度的同时，可以在2700~3000K的范围内调节色温。

配置小型照明灯具的好处在于可以加强画家所想要表达的描绘意图。但是，多灯配置会导致聚焦作业变得烦琐。因此，为了简化聚焦作业，我们在照明灯具的前端加工了螺纹，设法通过螺钉固定方式安上带激光笔的聚焦部件，可以进行简单拆装。通过安装激光笔，能够明确掌握聚焦点，画家所描绘的需聚焦部分会被照成白色，并能控制光线保留阴影部分，这种高难度的聚焦作业（照片3、图5）能够在很短时间内完成。也许有人认为这种细枝末节无须过多考虑，但在我们做验证时，画家也参与了，大家一起验证了通过缩短聚焦时间可以在有限的时间里聚焦所有的绘画作品（照片4）。

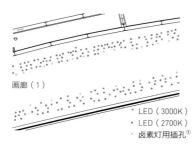

画廊（1）

· LED（3000K）
· LED（2700K）
· 卤素灯用插孔[1]

[图4] LED 照明布置图

[照片3] 调整天花板上的 LED 小型照明

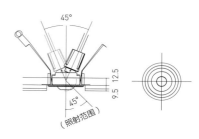

[图5] 可调节角度的 LED 灯具

[照片4] 聚焦作业后展陈空间的灯具带来的照明效果

① 卤素灯用插孔
为了慎重起见，当初考虑将来可能会展列一些更适合使用卤素灯的绘画，所以也适当预留了电源，以及可放进天花板 ϕ64mm 小孔内的插孔。但是，现在的展览无须卤素灯，所有的绘画照明用的都是 LED 灯。

可持续的展示照明

为了实施本方案，数量庞大的照明灯具是不可或缺的要素，但同时问题也出现了，那就是维修。到了需要维修的时候，即便是最小限度地更换光源，需要更换的数量还是很多，这可以说是本方案的弱点。另一方面，LED 灯的特点是使用寿命长，有助于降低业主和管理者的维修保养负担。另外，与卤素灯相比，LED 灯在使用时不会产生不能亮灯的废灯。从 LED 灯的寿命计算出的更换周期约为 13 年，如果使用卤素灯，13 年间约有 12000 个灯会因灯泡不亮而作废。从这一点上看，LED 灯减少了对地球环境的破坏，选择 LED 灯也是一种环保行为。

而且，LED 照明不仅不含紫外线，与卤素灯相比红外线的含量也更少，不会破坏绘画作品，有助于保护地球环境，保护艺术作品这一人类共同财产。

从节能的观点来看，通过采用 LED 照明，灯具产生的 CO_2 排放量与卤素灯相比可以减少约 58%。

（水谷 周）

通过光如实表现生物生存环境的博物馆
NIFREL

[照片1]"色彩体验"展厅颜色的变化

关于本项目

2012年12月举行的设计比赛要求参赛选手设计拥有高度吸引人的外观且便于翻新的展示空间。建筑用地在太阳塔世博公园南侧，1970年大阪世博会的历史痕迹也是重要的设计要素。作为大型商业设施的入口，该建筑需要成为世博会区域的新地标（照片2）。展厅要展示出生物的多样性，如"体验颜色""体验形态""体验动作"等体验活动，强调各自活动的特征。

令人兴奋的展览馆

我们设计的目标是让参观水族馆的游客刚接近建筑物时，就会感觉兴致勃勃、心情愉快。建筑物整体轮廓让人联想到海牛，其外形光滑，形状宛若有机物。

我们深入研究了水族馆的功能。有些展厅要求太阳光倾入带来明亮感（照片3），有些黑暗展厅需要完全遮住自然光，如此根据各处所需照度，设计出可以调整采光的多孔外壁。

窗户的设计是菱形窗，排列成市松纹（均匀的黑绿相间格子纹，在日本被称为"市松纹"）形状，可以根据窗户的尺寸和间距调整采光，圆角的菱形窗让人联想到水和泡沫，与水族馆的形象相吻合。有起伏的外部墙壁使整个空间被柔和的自然光包裹，打造出远离日常的空间，也能有效地减少日射负荷、确保照度、保证自然通风等。

[照片2]眺望太阳塔

[照片3]投射柔和光线的展厅

方法 1　不会妨碍展品色彩感官的色光控制

　　在展示颜色多样、外形多样的生物的房间里，我们考虑通过改变墙面的颜色来表现这种多样性。表面材料使用的是有渗透性能的扩散织物，背面用的是有高反射性能的扩散板，上部安装有全色 LED 灯带照明。为了强调层次和纹理，光源采用定向性强的窄角配光，实现了具有幽深感的优质彩色壁面。在上部的圆形帘状物内安装了超窄角 LED 灯带，用作照射水槽的照明。此外，还安装了可以单独调整长度的特制罩，以隔绝不必要的光线。因此，可以不受外界影响，确保最适合水槽的照度（照片 4、图 1）。

[照片 4] φ1500mm 的水槽外观

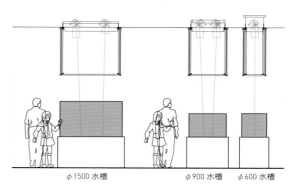

[图 1] 照明布置图

φ1500 水槽　　φ900 水槽　φ600 水槽

方法 2　给人带来非日常体验的光

　　关于展示生物形态的水槽，我们新开发了利用水和亚克力临界特性的"看不见光源的水槽"。在敞口水槽的下部安装了专用的面光源照明装置。计算亚克力和水的全反射角度和折射角度，确定光源的位置和尺寸。因此，无须使用遮光板等，就可以消除底面光源的存在感。在黑暗的展厅内，光源从下方照到展示生物上，突出生物的特性形态，制造梦幻气氛（图 2、照片 5）。

　　上述的"体验形态"展厅的目标是强调所展示生物的形态，弱化其他物体的存在。天花板安装了点光源，墙壁全部贴上镜子，实现了光点无限连续的令人惊喜的空间（照片 6）。点光源消除了亚克力的存在感。点光源是拥有 φ35mm 超小尺寸的一体化灯具，集合了 10°配光的光学透镜和特殊扩散滤波器。

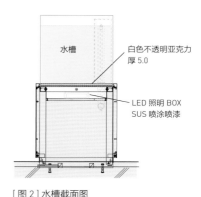

水槽

白色不透明亚克力
厚 5.0

LED 照明 BOX
SUS 喷涂喷漆

[图 2] 水槽截面图

[照片5] 看不到光源的水槽

[照片6] 无限连续的光点

① 相关色温
⇒参照 P23 ①。（详见 P68 第 2
部分 1.1 ）

② 显色性
⇒参照 P51 ③。

方法3 **顺应生物生态的光照环境**

生物生存的水域各有不同，光透过水之后，颜色会发生相应变化。LED 光源的特征是不同相关色温①和显色性②的光源可以发出不同的光，我们灵活利用了这一特征，海水和淡水这种较大的差异自不必说，不同水深导致的不同"水的蓝色"也被细致地再现了出来。我们与从北极到热带、在世界各地拥有潜水经验的馆长共同进行了多次水槽照明实验，完成了与目标水域印象接近的色温和配光照明。通过 LED 光源真实地再现了生物的生存环境，实现了让人身临其境的展示，比如"从陆地上透过水面看到的水底风景""在浮潜中看到的翡翠般湛蓝的海""潜水中感受到的深蓝色的大海"等，都可以一一呈现到游客面前。另外，我们也考虑了水的光学特性、水面入射角和水中扩散性等，选择具有配光性能的照明灯具，这些灯具在水中照射不同水深都能发出理想的平行光，演绎出了潜水和浮潜时才可以体验到的美丽波纹（照片7）。

展厅需要为每个展示生物调整最佳的光照环境。比如说，环尾狐猴和水豚一年四季都喜欢阳光，但是非洲企鹅的繁殖和换羽则需要改变每年的光线周期和光量。我们在设计阶段反复模拟日照，详细讨论了墙壁上菱形窗的尺寸和天窗照明的安装位置（图3）。

[照片7] 平行光照射的波纹

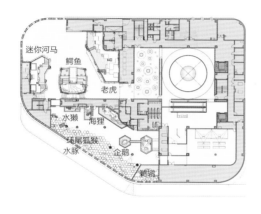

照度分布

[图3] 动物的布局和日照模拟（春分和秋分时）

最后：灵活利用太阳光的模拟实验

放养生物展示区的照明方案中，除了考虑墙面的菱形窗和天窗之外，还安装了与照射高度相符的专业配光角灯具，可以根据时刻变化的外部光进行控制调节，以使"光量、高度、照射位置、亮度分布"都呈最佳状态。在百叶天花板内的管道上安装了不同配光种类的聚光灯（可调光·4000K），可仅仅照射需要的地方，避免产生多余的光。为了缓和白天里垂直墙面处的"黑暗感"，以及夜间充分展示黑夜的生态特点，在考虑了安全的前提下，我们降低了亮度（照片8）。

展厅的照明方案一般会研究在遮挡了外部光线的情况下室内要如何安装照明，不过，在这次的方案中太阳光也是展示照明之一，我们反复模拟了适合生物的窗户形状和布置。通过将一天的时间流逝和季节的变化带进展厅，为游客，也为所展示的生物，创造出了舒适的环境。

（北村仁司）

[照片8] "接触体验"展厅　昼和夜

被自然光柔和包围的祭坛
彼得之家（小圣堂）

[照片 1] 小圣堂的内部

关于本项目

本建筑是在东京都文京区天主教关口教会地基内建设的"彼得之家"。为教会贡献了一生的高龄神父们共同在这里生活着。该建筑物里有一个小圣堂。这是"彼得之家"的生活中心，即非常重要的"祈祷空间"。这个教堂作为与自然界相呼应的神圣场所，在让人感受自然光变幻的同时，也对光进行了控制，打造出了神圣的祈祷空间。

光线柔和地包裹着祭坛

我们考虑的是，利用自然光的强弱和色温的变化，同时让任何时候来圣堂祈祷的人都会自然而然面向祭坛，在太阳升起的时间里要让光亮一直照着祭坛一侧。

本圣堂的平面形状是以祭坛为中心的有向心性的正八角形（ecumenical form①之一），很适合举行弥撒。祭坛位于东侧，大家面向祭坛而坐。对着祭坛的光，除了要考虑做弥撒的人之外，还必须确保神父们阅读《圣经》时的亮度，综合考虑不能让神父因亮度过暗而影响阅读《圣经》等，所以我们通过安装在屋顶中央的天窗②将自然光引导到圣堂内（图1）。

① ecumenical form
象征着由天主教和新教组成的基督教团结一心。
这个形状打破了以前天主教教会那种带有明显等级制度的空间（前面座位可供地位高的人使用），而是围绕祭坛安排座位，让大家都能平等地参加弥撒。

② 天窗
⇒参照 P12 ①。

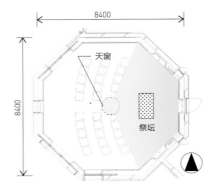

[图 1] 小圣堂的平面图
平面形状为正八角形，越靠近中央天花板越高。
我们用计算机模拟并制作模型来研究屋顶形状等，决定了适合举行弥撒的空间。

通常在决定采光装置的规格之前需要做很多研究。在本采光方案中，我们首先从理论上讨论了用于控制光的太阳光导光、控制百叶形状、天窗的玻璃类型等方案，然后再通过计算机模拟进行了讨论和确认。

计算机模拟作为研究和确认效果的手段，在实际做项目时经常被用到。由于计算机模拟可以反复试错，所以是使计划顺利实施的有效工具之一。在开发采光装置时，我们先通过光线追踪模拟，将采光装置内的百叶设定成事先确认了光线可以按计划照向祭坛的角度（图2），在建筑物空间的照度模拟中，通过照度分布确认了在任何日期、任何时间段，照向祭坛方向的都是柔和的光（图3）。

通过计算机模拟研究后，照明方案在某种程度上成型了。接下来要通过模型实验做进一步的讨论。模型实验的目的是人用眼睛确认光的状况以及整个空间的光照环境，在场的多个人分享各自对光线的感受，并一起讨论来决定整体的方向。特别是像这次这样需要考虑采光的演绎性，我们为了确认光给人的主观感受等（与当时祭坛周围的光照环境对比，以及光的柔和度等），这些并不是仅凭照度、亮度等数值就能够掌握的指标，因此模型实验是十分重要的过程。

首先，我们通过太阳光导光和控制百叶确认了光会照向祭坛。图4是以春分和秋分太阳在正南的条件下模拟了太阳光照射的情况。

接着，根据天窗玻璃品种的不同，我们做了效果比较（图5）。模型比例尺为1/20，光源采用了类似平行LED照明装置。为了制造柔和的光线，选择合适的玻璃就至关重要了。我们从多家制造商那里订购了各种各样的玻璃样品，更换模型天窗的玻璃，目测确认了模型内的光照环境，选定最合适的玻璃，这一过程着实花了不少时间。天窗使用可以让光线扩散的玻璃，使柔和的光线进入了圣堂内。在多种扩散玻璃中，我们进一步缩小了意向玻璃的范围，也请神父等相关人员目测确认了模型中不

[图2]小圣堂中的光线追踪模拟

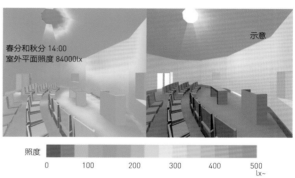

[图3]小圣堂的照度模拟结果

[图4]光的方向性确认模型实验

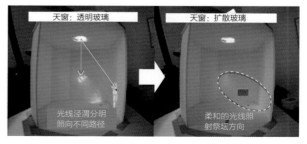

[图5]玻璃类型研究实验

同玻璃的效果，最终选定了最佳玻璃。

经上述过程所开发出的固定式太阳光采光装置，具体可参考图6~图8。本采光装置由以下几部分构成：

①扩散玻璃（双层）：控制光的"柔和度"。

②北侧平滑镜面：使光朝任意方向反射。

③太阳光导光百叶板：将②反射的光调整到较下方并进行引导。

④太阳光方向百叶板：控制光照向圣堂内祭坛方向。

每个部分都不使用任何可动机构，而通过相互组合来控制光线方向。

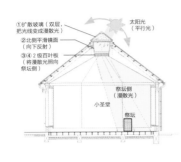

[图6]小圣堂内截面图和采光装置

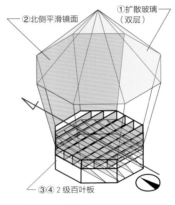

[图7]采光示意图

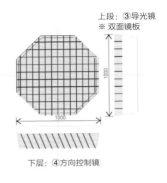

[图8]2级百叶板结构

方法2 控制各部位的反射率（可以给人留下深刻印象的空间明亮度）

实际的圣堂与模型实验不同，地板是木质的，木质地板反射率低，从而可以控制整个空间的反射率，在强调祭坛光线的同时，提高墙面的反射率，这样光照射面的阴影会更加明显。天花板选择的是擅长扩散光线的白色天花板，神父们阅读的《圣经》能被柔和的漫散光照到。

我们在实际的建筑物上安装了采光装置，在竣工后，我们又确认了采光装置的性能。2010年9月15日（晴天），对地面5处、室外1处的照度测量和采光状况进行了间隔摄影。图9是测量位置和照度测量的结果。祭坛的照度，上午在600~800lx范围内变化，与其他地方相比照度高出3倍左右。下午到15点左右，祭坛照度为400~600lx，比其他地方高2倍左右。再加上从圣堂内的窗户带来的采光，天窗带来的采光完全实现了当初的计划，整个白天，祭坛一侧都被照得很亮。来自天窗的光线明亮地照射着祭坛侧墙面的壁龛，太阳光照射位置符合计划。这样一来，我们确认了建筑物在实际使用中的采光状况良好。

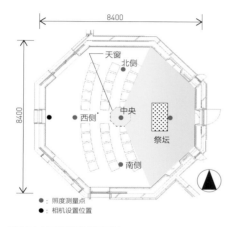

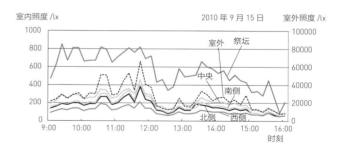

[图9]小圣堂的照度测量结果

● ：照度测量点
● ：相机设置位置

为了将来

如果考虑空调负荷，用来确保采光的天窗面积就得尽量缩小，因为天窗面积越大，空调负荷越大。这次的方案通过限制天窗尺寸，适当地控制了热负荷，为整个房间营造了一个柔和的光照环境，并且成功做到了每年控制某些部分区域的照度，这些全部是通过固定式采光装置（考虑空调负荷）来实现的。在普遍要求建筑物节能的今天，通过本案例，希望读者们能够学会在今后的建筑设计中创造这样复杂却有效的光照环境。

更重要的是，详细了解客户对建筑空间的要求，以及设计该建筑必要的要素（规格、性能等）是什么，通盘掌握了这些信息之后，建筑设计师方可实现客户们心中的那个蓝图。在本项目中，为了打造理想的光照环境，设计师们开发了新的采光装置。而且，在构筑并导入了新技术且建筑投入使用后，设计师应该做的重要事项之一是确认实际的应用状况。通过累积竣工后的实际照度和亮度数据，验证模拟时的精度和讨论的内容是否妥当，在以后的项目中用上这些经验，那么作为一名设计师才能够进一步成长。

最后，以本项目为一个契机，其他建筑（圣贝尔纳德塔修道院）内的小圣堂（照片2）也同样引入了采光装置。听说神父和修女都很满意本设计，教会人士每天在沐浴着柔和光线的小圣堂里祈祷，平静祥和地生活着。

（菅原圭子·渡边智介）

注释

为了让采光装置落地，在圣贝尔纳德塔修道院的采光装置上也同样实施了计算机模拟和模型实验。本节的部分图片（光线追踪模拟和玻璃类型研究实验）使用了圣贝尔纳德塔项目研究时的图，介绍了简单易懂的照明实例。

[照片2]圣贝尔纳德塔修道院内小圣堂的采光状况

被连续的光引入海的世界
上越市立水族馆　海洋物语

[照片 1] 日落后的情景

[图 1] 平面图 1/5000

关于本项目

该水族馆自1934年开馆以来已有80多年的历史，是上越大海的象征，广受人们喜爱，本次是要重建水族馆。地基北侧面向着广阔的日本海，南侧是旧直江津市城区宽广的商业用地。计划建造再现日本海独特海底地形的水槽，再现水生生物生存环境的展示空间，继承迄今为止的丰富历史和资源，使之成为城市复兴、传播地域魅力的新建筑。

① 菲涅耳反射

当光照射到具有不同折射率的介质时，该光的一部分会发生反射的现象。反射光的强度取决于折射率之差和入射角，光的入射角越小反射强度就越大，越接近全反射。

利用自然光创造新价值

水族馆是可以边玩边学习的场所，为了让游客能够置身于水生生物的生态环境，水族馆空间需要满足游客体验自然的各种需求。新的水族馆以"用五感了解日本海"为理念，全面展示日本海。这一理念包含了希望人们在亲近自然环境的状态下欣赏生物，能够领略当地独特的风景。在日本海大水槽以及水槽周围的展示通道中，我们利用自然光有效地演绎了光照环境，努力传达了该地域特有的魅力。

方法 1 大水槽的照明采用自然光

建筑用地与大海有海拔差，但是这个高度并不足以让人在水族馆眺望大海，而且周围也没有类似的观景台。因此，在日本海大水槽的最顶层设置了开放式露台，让游客体验上越地区大海的光、景致、风、味道所营造出的美丽和冬天的严酷。站在露台上，就像是窥探在日本海中生活的生物一样，海和水槽的水面融为一体（照片1）。从站在露台上的游客的视点和视线，我们调整了位置关系，不让游客看到多余的道路和沙滩，水槽的边缘和建筑物的外壁也不会进入人们的视线内（图2、照片2）。另外，水槽的外围部分是水深约为 200mm 的浅滩，在离露台 15~18m 的浅滩区域，视线的角度约为 5°，由于菲涅耳反射①，是看不见浅滩底部的，天空像大海一样映入水槽。水面上倒映着外部环境，形成了与自然光融为一体、同步变化的魅力景观。

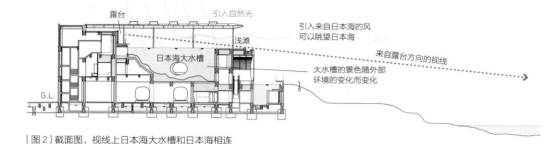

引入自然光

露台

引入来自日本海的风
可以眺望日本海

浅滩

来自露台方向的视线

日本海大水槽

大水槽的景色随外部
环境的变化而变化

G.L.

[图2]截面图,视线上日本海大水槽和日本海相连

[照片2]黄昏时从大厅隔着露台眺望日本海
的景观

[照片3]水槽上部的大挑檐上设有天窗

[照片4]傍晚的风景

在日本海大水槽的内部,我们将日本海的海底地形再现为仿真岩石立体模型。上越市的海底拥有世界罕见的险峻地形,游客们可以一边欣赏生物们在这些地形水流中游动的样子,同时还可以了解日本海的生态系统。为了表现出这里具有显著特点的自然生态环境,我们考虑将白天的日光用作大水槽的照明。

为了把水槽做成能让生物实际生活的地方,积雪和阳光对水槽的影响不容忽视。于是,我们不采用玻璃屋顶,而是使用带天窗的大挑檐。水槽正上方的挑檐部分安装了29处直径约为1.5m的天窗,大挑檐开口率约为12%。在照片3中的水面上,通过把天窗①的光线集中引导到水槽,在水中发生廷德尔散射②,从而产生光束。游鱼们闪闪发光游弋的样子更加明显,游客们可以体验到置身海中才能够遇到的光芒现象(照片5),这样戏剧化的现场感是由照明实现的。而且,天窗位于屋顶挑檐无结构遮挡的位置,对于来参观3楼大厅和夕阳露台的游客来说,可以眺望到最让人印象深刻的日本海,体会到清晰的挑檐、天空、大海的明暗对比。

我们利用计算机3D画图工具,设定结构体的尺寸,做了三维研究(图3)。关于日光对水槽热负荷方面的影响,我们对水槽进行了建模,对水温分布做了非

① 天窗
⇒参照 P12 ①。

② 廷德尔散射
当光进入微粒子分散的空间时,光会被微粒子散射,从而形成光束。

[照片5]自然光演绎的水中的景色

[图3]在设计阶段用3DCG讨论露台的景观

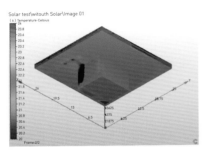

[图4] 水槽底部的水温分析

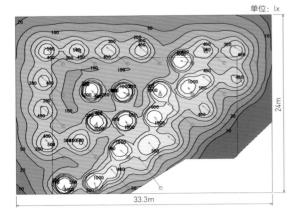

单位：lx

33.3m

24m

[图5] 研究大水槽投光器的照射方向

① 眩光
⇒参照P5 ①。（详见P96）

② 适应
⇒参照P45 ①。

定常解析，确认了日光对水温产生影响的范围很有限，对整个水槽的影响很少（图4）。

从傍晚时分到晚上用来烘托氛围的照明装置也是人工照明。为了不让光源的眩光①和水槽外围浅滩的亮度妨碍视野，我们在大挑檐的天窗部分安装了投光器。此外，对于从水槽的某一个窗口看到的景观，我们讨论了光要如何照射过去才能让光线的方向一致。最终通过布置仿真岩石，像连绵的山脉一样，使明暗对比更加醒目，演绎出了富有深度的景致（图5）。

我们关于如何利用自然风景和自然光所付出的努力，在项目竣工后得到了很多赞赏，日照的角度和云彩的样子，日本海上风吹过的波纹，仿真岩石的景致，生物们的游弋，这些景致也无时无刻不在变化着，游客们评价说"就算一直看着也不会厌倦""和潜水时看到的光芒一模一样"。我们成功打造了一个让游客能够真切感受自然魅力的空间。

方法2 **打造亮度 安排空间的顺序**

在游客们为日本海的雄伟风景而倾倒后，为了吸引游客进入梦幻般的水中世界，我们计划在路线中设定一个如同潜入海中的体验顺序（照片6）。

首先，水族馆周围没有任何可以遮挡光线的建筑物，游客从这样广阔的室外经由入口大厅一口气上到3楼。入口大厅有玻璃立面可以积极引入日光。然后，游客在大挑檐覆盖的半室外空间——日本海露台、海豚体育场、海兽游泳池眺望风景、观看表演，度过一段悠闲时光（图6）。从照度数万勒克斯的室外环境到数百勒克斯的室内环境，漫步在白天光线逐渐变暗的空间里，游客也可以慢慢地适应②黑暗的环境。

接下来的路线是从3楼下到2楼，2楼是环绕着日本海大水槽的斜坡。利用3层建筑立体变化的截面结构，道路看起来像是将平面叠起来一样。为了让游客能够在移动过程中从各个角度欣赏水槽，水槽的窗户布置得很巧妙。如果要去比大水槽水面低的2楼，那么穿过水槽进入室内的光会被聚焦到最小，像聚光灯一般照亮着通道。展示时人工照明的最大照度被控制在50lx，通道的内部装饰是亮度低且反射率在10%以下的颜色。如果游客一侧的光线比水槽更暗，就可以避免

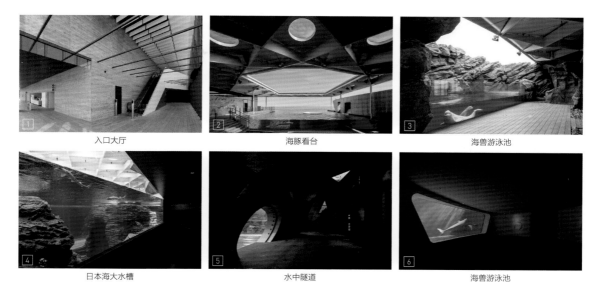

| ① 入口大厅 | ② 海豚看台 | ③ 海兽游泳池 |
| ④ 日本海大水槽 | ⑤ 水中隧道 | ⑥ 海兽游泳池 |

[照片6]符合展示顺序的亮度设计。照片中的序号与图6中的序号相对应

人影倒映在水槽的水面上，不会影响游客的观看感受。除此之外，利用来自水槽窗户的光线，制造出了不断变化的效果。如上所述，我们根据该楼层标高和窗户，相应地遮挡光线、制造变化，创造出了梦幻般的景象。

水槽内部墙壁和地板防水面的颜色是鲜艳的蓝色，这也是为了营造让人过目不忘的氛围。不过，实际用的颜色芒塞尔值①的亮度约为2，彩度约为1，数值很低。选择后退色②，意在让人难以明确意识到水槽是什么形状、宽度如何，只会感受到类似大海一般的幽深。但是，在水中看到的水面比在空气中看到的要亮，波长较长的光会被水吸收，从而使水看起来是蓝绿色的。因此，要事先充分调研颜色和使用实例，通过细致的探讨决定最终呈现出什么颜色。

我们与相关人员共同确认了人在变化空间中行走时所看到的风景，并且在确认场景变化和各处物体规格的过程中，积极地利用了从3D模型数据中截取的透视图。今后，设计师们可以通过与光照环境模拟相结合等手法，基于游客体验到的亮度分布和时间变化的数据，通过定量控制，创造出引人入胜的空间。

（寺崎雅彦·山崎弘明）

① 芒塞尔值
以明度、色相、彩度的顺序排列数值和字母来表示颜色。在建筑领域指定油漆颜色时通常会使用芒塞尔值。

② 后退色
冷色系和亮度低的颜色，与其他颜色相比看起来会显得较远。

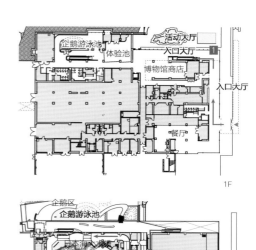

1F

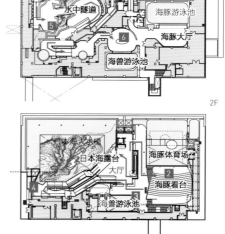

2F

3F

[图6]各层平面图和展示顺路

第 1 部分　参考文献，照片、图片来源

[参考文献]

主题 1　案例 3

1）伊藤剛ら：低炭素化と知的生産性に配慮した最先端オフィスの調査研究 その 1 建物概要と低炭素化の設計手法、日本建築学会学術講演梗概集、pp.961-962、（2011）

2）和田克明ら：低炭素化と知的生産性に配慮した最先端オフィスの調査研究 その 7 自然光を利用したオフィスの光環境計画と実測、日本建築学会学術講演梗概集、pp.973-974、（2011）

3）長舟利雄ら：低炭素化と知的生産性に配慮した最先端オフィスの調査研究 その 9 IC タグを利用した空調・照明制御システム、日本建築学会学術講演梗概集、pp.977-978、（2011）

4）谷口智子ら：低炭素化と知的生産性に配慮した最先端オフィスの調査研究 その 33 PGSV に基づく自動ブラインド制御アルゴリズムによる光環境の評価実験、日本建築学会学術講演梗概集、pp.1255-1256、（2013）

5）伊藤剛ら：自然採光の活用とヒューマンファクタを利用した照明負荷削減手法、空気調和・衛生工学会誌　第 90 巻、第 5 号、pp.33-41、（2016）

6）小島義包ら：輝度画像を利用したブラインド制御用遮光要否判定方法の研究、日本建築学会環境系論文集、第 735 号、pp.435-442、（2017）

7）小島義包ら：輝度画像を利用した照明制御システムの研究、電気設備学会誌、第 38 巻第 1 号、pp.62-69（2018）

8）吉野攝津子：建築物の環境認証制度（6）認証システムの概要と日本の事例（WELL）、空気調和・衛生工学会誌　第 92 巻、第 9 号、pp.81-88、（2018）

9）中村芳樹：ウェーブレットを用いた輝度画像と明るさ画像の双方向変換 − 輝度の対比を考慮した明るさ知覚に関する研究（その 3）−、照明学会誌、90-2、pp.97-101、（2006）

主题 2　案例 5

1）JIS Z 9127：2011、スポーツ照明基準、日本規格協会

2）蒲山久夫：急激な明暗変化に対する緩和照明について、照明学会誌、Vol.47、No.10、pp.488-496、（1963）

3）篠原他：LED スポーツ照明の直視グレアに関する研究　その 4　体育館の視野内光環境評価とグレア評価に関する考察、照明学会全国大会講演論文集、04-05、（2017）

主题 3　案例 1

1）淵田隆義、CIE TCI-69「白色光源の演色性評価方法」活動報告、日本照明委員会誌 27 巻 4 号、pp.209-213、（2010）

[照片、图片来源]

主题 1　案例 1

照片 2　彰国社写真部

主题 1　案例 4

图 2　Panasonic

主题 1　案例 5

P3 照片、照片 2　SS　石井哲夫

照片 1　Panasonic

照片 4　小川重雄

主题 2　案例 4

照片 1、2　yaJbnhncfl 7

图 4、5、6　YAMAGIWA

主题 3　案例 1

照片 1、4　金子俊男

主题 3　案例 2

照片 1、6　TOTAL MEDIA 开发研究所

照片 4、5、7、8（右）　大光电机 / 稲住写真工房

主题 3　案例 3

照片 1、2　走出直道　SS

主题 3　案例 4

P49 照片、照片 1、3、4、5、6　日暮写真事务所

第 2 部分

控制光的
技术

第 1 章

光色和显色性

在设计空间照明时，颜色是非常重要的因素。不同颜色的光会给空间带来不同的氛围，光的质量也会影响到房间里家具的颜色以及餐桌上料理的颜色。另外，人们最近发现光的颜色和质量也会对人的身体产生影响。在这里，我们会介绍与照明相关的"颜色"。

与照明相关的颜色有两个方面：一个是照明光本身的颜色，另一个是被照明物体的颜色。照明光本身的颜色被称为"光色"，使用色度坐标、色温、相关色温、色度坐标上与黑体辐射轨迹的偏差等来表示。光源或发光体或辐射体呈现出的色彩渲染现象被称为"显色"，"显色性"是描述光源与参照标准光源相比拟时显现物体颜色特性的一个参量，通过一般显色系数 R_a 等指标来评价。这些虽然是大家经常听到的专业词汇，但为了加深理解并能够正确运用，下面我们将详细解说。

1.1 | 光本身的颜色"光色"

1.1.1 光色的表示方法

一般来说，照明使用的是白光，虽说是白色，但其实也分很多种。如图 1 所示，既有像蜡烛火焰那样偏红的光，也有像晴朗的天空一般偏蓝的光，人们一直在研究如何定量地表示这些光。

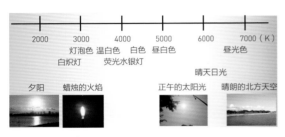

[图 1]照明光和色温

色品是表示照明光的光色的基本指标之一，它根据光谱分布的测定值，利用 CIE 确定的等色函数[1]算出。CIE 1931 色品图常用于表示照明光的色品。如图 2 和图 3 所示，利用坐标表示光和物体的颜色。

此外，还有一种表示照明光的颜色的指标，即色温。色温是将黑体（完全辐射体）的温度与此时

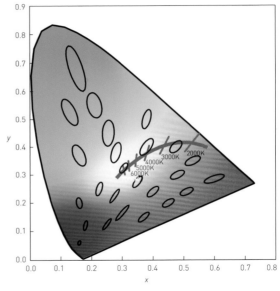

[图 2] CIE 1931 色品图[1]（x, y）

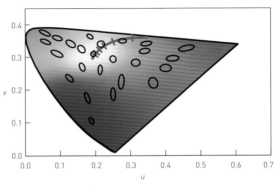

[图 3] CIE 1960 UCS[1] 色品图

发射的光源的色品相关联。黑体是对于辐射到它表面的任何波长的能量，既不反射也不会让该能量透过去，而是完全吸收该能量的虚拟理想物体（想象像炭一样的东西），颜色根据温度而变化。温度低的话是黑色，随着温度升高会变成红色～橙色～黄色～白色～带点蓝色的白色。色温（T_c）以光源或被辐射物体接收彩色光的色品与某一温度下的完全辐射体（黑体）的色品相同时的该完全辐射体（黑体）的绝对温度来表示，单位是 K（开尔文）。根据温度而变化的黑体的色品变化轨迹被称为黑体轨迹（如图 2、图 3 所示曲线）。如果照明光的色品在该黑体轨迹上，则该照明光的光色可以用色温表示，而色品偏离黑体轨迹的照明光光色不能用色温表示。该情况下照明光的光色用相关色温（T_{cp}）和色度坐标上与黑体轨迹的偏差 d_{uv}（或是其 1000 倍的 D_{uv}）来表示。

　　计算 d_{uv} 时，在色品图上计算出的颜色差异（色差、坐标上的距离）与人所感知的颜色差异要一致。图 2 的 CIE 1931 色品图[1]（x，y）中，椭圆是将色差辨别阈值（相对于椭圆中心坐标的颜色，人能够区分不同颜色的边界）扩大了 10 倍，但是在该图中，蓝色区域表示辨别阈值的椭圆小，而红色、黄色、绿色区域表示辨别阈值的椭圆大。也就是说，即使该色品图上两点之间的计算色差相同，但在蓝色区域中感知到的色差较大，在绿色区域则较小，具体根据所比较的坐标位置而不同。为了缩小计算色差和感知色差之间的差异，人们制订了图 3 所示的 CIE 1960UCS 色品图[1]。该色品图中椭圆的大小差异小，表明计算色差和感知色差的差异小，且不论颜色属于哪个区域都是如此，可通过这个色品图计算出 D_{uv}。

　　在 JIS Z 8725[2] 标准中，CIE 1960UCS 色品图上，光源的色品与某一温度下的黑体的色品最接近时，该黑体的绝对温度为此光源的相关色温。另外，CIE 1960UCS 色品图上的黑体轨迹到光源坐标的距离为 d_{uv}，在光源的色度坐标位于黑体轨迹的上方时 d_{uv} 为正值，在下方时为负值。图 4 是照明光的色温、相关色温和 d_{uv}（D_{uv}）的例子。

　　在 JIS Z9112[3] 中，荧光灯和 LED 的光的颜色根据色度坐标被分为 5 种（日本与中国标准不同，

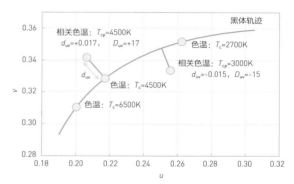

[图 4] CIE 1960UCS 色度坐标上的色温、相关色温、d_{uv}（D_{uv}）

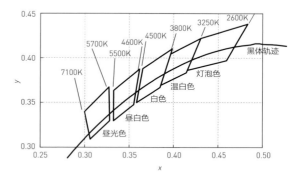

[图 5] 荧光灯和 LED 的光色的色温范围

[表 1] 荧光灯和 LED 的光色的色温范围

光色区分	昼光色	昼白色	白色	温白色	灯泡色
相关色温 T_{cp} / K	5700~7100	4600~5500	3800~4500	3250~3800	2600~3250

本书以日本标准为准）。各个照明光的名称从色温（相关色温）较低的一方起依次为灯泡色、温白色、白色、昼白色、昼光色，各相关色温的范围、色度范围如图 5、表 1 所示。但是，一部分白色的环状荧光灯的色温范围与图 5 稍有不同。

1.1.2　关于建筑空间的光色选择

　　照明光的光色不同，则空间的氛围不同。色温（相关色温）低的照明光偏红，被照明空间让人感到温暖；色温（相关色温）高的照明光为蓝白色，被照明空间让人感到凉爽。实验结果[4]显示，若调高低色温照明光的照度，空间会使人感到闷热；而调低高色温照明光的照度，空间则会让人感到抑郁。该实验给人留下了几个课题[5]。根据空间和行为可以将适当的照度和光色进行组合，对于这一点大家都没有异议。就像第 1 部分"东映动画大泉工

用彩色玻璃打造不同的隔断空间

这个展厅区域的隔断用的是蓝色镀膜夹胶玻璃，会议室区域、会客区、仓储区的隔断玻璃是橙色镀膜夹胶玻璃。看向隔壁空间时，视线被染成蓝色和橙色，而且，由于用的是芒塞尔值的补色，所以视

线无法连续看透三个空间。另外，虽然隔断用的是玻璃，会让人觉得不够封闭，但是和隔壁房间因为颜色的不同在视觉上就有距离感，所以即使旁边的房间进行完全不同的活动也不会让人感到烦躁。如此这

般，彩色镀膜夹胶玻璃拥有颜色，还有遮挡效果，在透明的空间中可以制造"不可思议的距离感"和"自然且不突兀的遮挡"。

（平岛重敏）

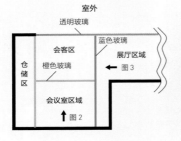

图 1 AGC studio 展厅、会议室区域示意图

图 2 从会议室区域看会客区的情况

图 3 从展厅区域看会客区的情况

（设计：乾久美子建筑设计事务所）※AGC studio 展厅、会议室区域现在因为改建而不复存在。

作室"（P18）的照明一样，组合选择适合该空间氛围的照度和光色，设计效果出类拔萃。

让照明光的颜色发生变化的行为称为"调色"。调色被用来根据场合和时间来改变空间的氛围，或者改变光对昼夜节律①等人体生物钟的影响。虽然我们很难对 LED 发光元件本身进行调色，但是对发光颜色不同的多个 LED 分别进行调光并混合，就能成功调色。

在本书第 1 部分介绍的"HOKI 美术馆"（P50）的照明中，被照射的绘画位置混合了不同相关色温的光。这并不意味着必须在某一个照明灯具中对光进行混合并调色，而是可以根据需要在被照射物体的表面调色，这种思路非常值得借鉴。但是，如果被照射物体是立体的，需要从不同方向用不同颜色的光进行照明的情况下，那么要注意阴影有时会带有颜色。在埼玉县川口市建设的火葬场"巡游之森"（设计：伊东丰雄），与故人最后告别的炉前，把空间照明的颜色调成了让人在告别时可以感受到

温暖的低色温颜色；带着骨灰离开时，照明颜色则调成高色温颜色，帮助人们转换心情、重整思绪。即使是在同一个空间里，根据不同的时间和场合，所需要的气氛也会有所不同，这个例子充分说明了可以通过照明实现这一点。

调色有两种代表性的手段：一种是分别对散发红色、绿色、蓝色的 LED 进行调光，然后将这些光混合；另一种是分别对高色温的白色 LED 和低色温的白色 LED 进行调光，之后再混合这些光。对红色、绿色、蓝色 LED 进行单独调光的优势在于能够自由设定想要的光色（相关色温及 d_{uv}），但是需要对 3 种 LED 分别进行控制，所以缺点就是控制工作会变得复杂且难度高。单独调整高色温的白色 LED 和低色温的白色 LED 的方法简单易行，但也只有在坐标上能够连成直线的两种白色 LED 才能实现分别调色。因此，如图 6 所示，需要注意的是，相关色温方面，色度坐标偏离黑体轨迹越大，d_{uv} 值（绝对值）则越大。另外，还有一点，在任何方法中，所调色的照明光的光通量最大值因光色而不同，所得

---

① 昼夜节律：生命活动随昼夜 24h 或大约每 24h 的周期性变化。

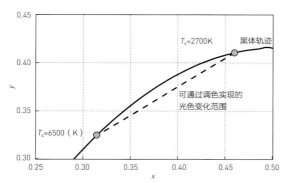

[图6] 通过两种颜色的光混合进行调色时的轨迹

到的照度的最大值也是如此。

　　一般来说，进行视觉作业的空间使用的是灯泡色到昼光色的白光（不是 JIS Z 9112 规定的"白色"而是一般的"白光"）照明。参考 JIS Z 8725，d_{uv} 值在 ±0.02 以内的光可以被认为是白光，超过 ±0.02 的光被认为是带颜色的光，即"色光"。为了演绎空间，有时会用色光照墙面和天花板，但在这种情况下，也要注意配光，尽量不要让色光泄漏到需要进行视觉作业的地方，否则会影响视觉作业。在第 1 部分介绍的"NIFREL"（P54）照明中，为了让色光只照射到必要的地方，避免所展示的鱼和游客身上不会有色光漏出，设计师们做了很多研究。

1.1.3　对光色的适应和感知

　　人们对颜色的感知是因为眼睛视网膜中的 3 种细胞能够分别感受到蓝色、绿色、红色的强度。感觉蓝色的细胞被称为 S 视锥细胞，感觉绿色的细胞被称为 M 视锥细胞，感觉红色的细胞被称为 L 视锥细胞。S 视锥细胞、M 视锥细胞和 L 视锥细胞分别在蓝色强光、绿色强光和红色强光进入眼睛时感应灵敏度会降低，这被称为颜色适应现象，与数码相机的"白平衡"技术非常相似。关于各个颜色的强度与灵敏度降低程度之间的关系，到现在为止人们仍在研究，其中，von Kries 色适应模型 [6] [7] 和 CIE 颜色适应公式 [8]、IECAM 02 [1] 采用的颜色适应公式等非常有名。

　　这种被称为颜色适应现象的发生和不同的照明光也有关系。在低色温的红色光线下，L 视锥细胞灵敏度降低，会让人慢慢感觉自己看到的是像白色的光。相反，在高色温的蓝白色光下，S 视锥细胞灵敏度降低，也会逐渐让人感觉自己像是在白色的光里。因此，长时间停留在低色温光照明的空间中，在适应了这种光的状态下，如果移到由高色温的光所照明的空间时，会感觉照明光和空间都极度苍白；相反，在适应了高色温的光的状态下移到由低色温的光所照明的空间时，会感觉特别红。在用不同颜色的光照射相邻空间的情况下，根据该颜色的适应现象，人感觉到的颜色可能会与实际颜色极端相反，设计时要考虑这一部分。

　　颜色适应是在色觉层次相对较低的视网膜上发生的，还有在更高水平的大脑上发生的颜色恒常性现象。这与人的记忆相关，会在记忆物体表面的颜色时发生。比如，记忆中红色的苹果在任何照明光下都是红色，认为是白色的墙壁在任何照明光下都是白色。相反，也有人认为这是从记忆中墙壁的白色中无意识地倒推出了照明光的颜色，所以会认为照明光是白色的。

　　如图 7 所示，将这种颜色恒常性扩展到空间中加以应用的话，可能会打造出有趣的效果。观察者在空间 A，与之相邻的是空间 B，空间 B 的照明光与 A 不同。但是，空间 B 的照明光源安装在观察者看不见的位置。例如，空间 A 用昼光色的照明，空间 B 用灯泡色的照明。这时，如果空间 B 的墙纸和地板材料改成蓝白色，和空间 A 看起来像是同一种颜色的话，观察者就会认为空间 B 也是用昼光色的照明。因此，如果在空间 B 中放了红苹果，则在苹果表面反射到观察者眼睛的光实际是灯泡色的光，红苹果本来表面反射的光是非常红的，但又因为观察者认为是用日光照明的，所以那个苹果的颜色会看起来比实际的更红。这就是将颜色恒常性应用在空间中，这种研究被称为照明识别视觉

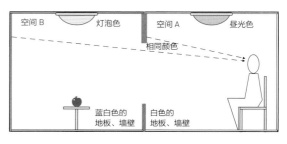

[图7] 应用了照明识别视觉空间的照明案例

空间研究[9]。

1.2 | 显色

光源或发光体或辐射体呈现出的色彩渲染现象被称为"显色"。另外，在评价照明光的性能时，通常会使用显色性这个术语。而光本身的颜色"光色"和被照射的东西的颜色要分开考虑。例如，如图 8 所示，当人类感知物体的颜色时，进入眼睛的光是照射物体的照明光的光谱分布与物体的光谱反射率相乘的结果。即使照明光的光色相同，其光谱分布也各不相同，因此被物体反射而进入眼睛的光的光谱分布也因照明光而不同。这种显色性就是表示进入眼睛的光会变成什么样的光谱分布，它是什么颜色的。

显色性是评价照明光性能的指标之一，评价被照射物体的颜色会显示成什么颜色。如图 9 所示，关于显色性大致分两种观点。第一种是能否忠实再现物体颜色，也就是说，照明光照射出来的颜色相较于基准（自然）光照射出来的物体颜色色差有多少；另一种观点是，是否可以使物体的颜色看上去更鲜艳，或者是否可以让物体看起来更加讨人喜欢。

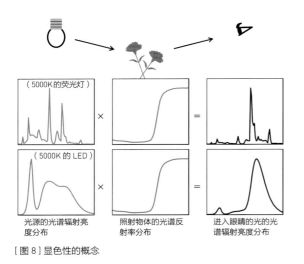

[图 8]显色性的概念

[图 9]显色性的 2 个方面

颜色的忠实性
工厂等的颜色检查、带颜色的地标引导牌等，需要准确再现颜色时，本指标很重要

显色性

颜色的鲜艳程度·好感度
在住宅或餐厅用餐时，或使用带颜色的装饰等，在需要调节气氛的场合下，本指标很重要

1.2.1 基于忠实性的显色性

在基于忠实性评价照明光的显色性方面，用到的是 JIS Z8726[10] 中规定的一般显色指数 R_a 和特殊显色指数 R_i（$i = 1 \sim 15$）。显色指数以待测光源与参考光源分别照射某物体其显现颜色的符合程度来表示。CIE 规定用完全辐射体（黑体）或标准照明体 D①作为参考光源，并规定其显色指数为 100。在 JIS 标准中，使用的参考光源是与待测光源色温相等的辐射体或相关色温相等的标准照明体 D。在与参考光源照射时的结果完全相同时，待测光源的显色指数为 100，色差越大，该显色指数值越小。

图 10 是显色指数的计算流程。流程中，将参考光源和待测光源分别投射到眼睛的三刺激值（X、Y、Z）转换为考虑了色适应的值（$U*$、$V*$、$W*$），将两组值之间的偏差用数值表示。如图 11 所示，针对光谱反射率 1～15 等 15 种试验色，计算出用待测光源照明时的色度坐标以及用参考光源照明时的色度坐标，并用待测光源下和参考光源下的试验色色差计算各试验色的特殊显色指数（$R_1 \sim R_{15}$）。色差在 CIE 1964 均匀颜色空间[1] 中是根据 von Kries 的色适应理论，考虑了颜色适应后计算出来的。

试验色 1～8 的特殊显色指数的平均值为一般显色指数，一般会作为颜色的性能值记载在照明灯具或光源的样本中。各照明光下的各试验色色度是

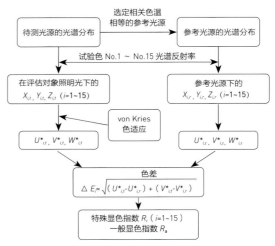

[图 10]一般显色指数和特殊显色指数的计算流程

---

① 标准照明体 D：国际照明委员会（CIE）规定的入射在物体上的一个特定的相对光谱分布的照明体叫 CIE 标准照明体。一系列代表不同相日光的标准照明体是标准照明体 D。CIE 规定了根据相关色温计算光谱分布的公式[1]。

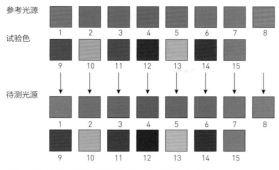

参考光源

试验色

待测光源

[图11] 用参考光源和待测光源照明的试验色的颜色。
试验色 1~8 是中间色相的中明度中饱和度的颜色，试验色 9~12 是高饱和度的红色、黄色、绿色、蓝色，试验色 13 是高加索人的肤色，试验色 14 是绿叶的颜色，这些都是 CIE 在国际范围规定的颜色。试验色 15 是日本人的肤色，由 JIS 单独规定。

根据 CIE 1964 均匀颜色空间计算出来的，但是 CIE 1964 均匀颜色空间本身已经被废止，且只用于计算该显色指数，这一点需要注意。另外，当待测光源的色温（或者相关色温）小于 5000K 时，辐射体在 5000K 以上时使用的参考光源是标准照明体 D。但是，要评价 2400K 以上的荧光灯时，参考光源也是标准照明体 D。因此，需要注意的是，一般显色指数和特殊显色指数是通过计算各个待测光源与相同色温（相关色温）的参考光源之间的色差得出的，所以不能在色温（相关色温）不同的待测光源之间比较显色指数。

在 JIS Z 9112 中，见表 2，将 LED 的显色性分为普通型、高显色型类别 1、高显色型类别 2、高显色型类别 3、高显色型类别 4，共计 5 个类别，规定了各类的推荐用途和应该满足的一般显色指数 R_a 的值、特殊显色指数 R_i（$i = 9 \sim 15$）的值。

[表 2] JIS Z 9112 中规定的 LED 的显色分类

显色性的种类	显色指数的最低值							
	R_a	R_9	R_{10}	R_{11}	R_{12}	R_{13}	R_{14}	R_{15}
普通型	60	—	—	—	—	—	—	—
高显色型类别 1	80	—	—	—	—	—	—	—
高显色型类别 2	90	—	—	—	—	—	—	85
高显色型类别 3	95	75	—	—	—	—	—	—
高显色型类别 4	95	85	85	85	85	85	85	85

专栏 01-02

使用有机 EL 照明的化妆灯

化妆灯要求脸上不产生阴影，且可以真实再现颜色，一般大家喜欢用漫射光。

有机 EL 照明与荧光灯和普通 LED 照明相比，光的扩散和光谱分布接近天空光这种漫射光，是可以调光调色的人工照明，因此即使在不能自然采光的地方也能打造适合化妆的光照环境。

有机 EL 照明的发光原理与 LED 照明相同，但是白光发生方式不同。一般的 LED 照明将蓝色 LED 和黄色荧光粉组合而成白色，而有机 EL 照明则将 RGB 的发光层重叠而形成白色。包含可见光区域的光波长相对均等，所以显色性高，如果调整各发光层的输出，则很容易

图 1　有机 EL 照明化妆镜。左为 4500K，右为 2700K（JP 塔名古屋办公室）

改变光的颜色，因此这种光的色温和亮度适合化妆等操作。

另外，这种不容易产生阴影的面光源，灯具本身也很小巧，所以容易配合化妆部位调整到需要的照射角度。

也有的灯具不包含紫外线和红外线，所以可用于需防止老化和褪色的绘画等艺术作品的照明。

（山崎弘明）

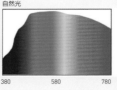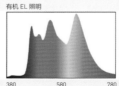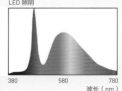

图 2　光谱分布的比较

在一般的室内空间中，推荐使用高显色型类别1或高显色型类别2。在美术馆等地方推荐使用高显色型类别3。特别是在要求对印刷物等的颜色进行比较的展台等需要真实再现颜色的情况下，推荐使用高显色型类别4。另外，JIS Z 9125[11]针对每个室内场所或行为都规定了推荐的R_a值，JIS Z 9126[12]则规定了每个室外场所或行为推荐的R_a值，所以在选择光源时可以参照这些值。

但是，关于R_a、R_i，如上所述，在被废止的CIE 1964均匀颜色空间中，计算色差这一点从很早以前就备受争议。也有人认为计算色差的试验颜色只有15种，实在过少。因此，CIE发布了更科学的CIE 2017颜色保真度指数[13]。基本的思路、计算流程与一般显色指数是相同的，但在计算待测光源下和参考光源下试验色的色差时，使用的是最新均匀颜色空间CAM02UCS[1]，这个最新均匀颜色空间比CIE 1964均匀颜色空间更能准确地表示感知的色差。另外，试验色采用了再现实测自然物体和人工物体的光谱反射率的99种颜色。参考光源的设定是4000K以下的辐射体，在5000K以上的情况下使用标准照明体D，在4000～5000K时是辐射体的光谱分布和标准照明体D的光谱分布合成的光源。

如上所述，CIE 2017颜色保真度指数导入了色彩科学领域的最新研究成果，但也有人指出，蓝色系试验色的色差与被感知的色差相比评价过高[14]，所以，这种方法还有很多技术性课题有待被攻克。由此，并没有更好的评价方法或标准等可以代替R_a、R_i用于评价照明产品的性能。期待今后这个新的指标能被改良，也能用于产品的评价等。

1.2.2 基于鲜艳程度和好感度观点的显色性

基于鲜艳程度和好感度观点的显色性，可以参考JIS Z8726用色域面积比（G_a）来表示。在色域面积比的计算中，用于计算一般显色指数的试验色1～8，共8种。通过将8种试验色用评估待测光源照明时的色度坐标点连接而成的八角形面积，除以参考光源照明时的色度坐标点连接而得到八角形的面积，再将得出来的值乘以100即为色域面积比。用各照明光照明时的试验色度坐标的计算方法与计算一般显色指数、特殊显色评价时所使用的相同，

可在CIE 1964均匀颜色空间上计算。在这个颜色空间上，各试验色的色度坐标越远离原点，其颜色就越显得鲜艳，所以八角形的面积越大，意味着各试验色看起来越鲜艳。

如图12所示，如果将照明光A与照明光B进行比较，则与各个试验色的参考光源的色差相同，但是色域面积不一样。色差相同意味着一般显色指数R_a在照明光A和照明光B中是相同的，但是色域面积差别明显，照明光B的更大，G_a值也大。在试验色颜色偏暗和偏鲜艳的情况下，R_a值有可能会相同，但无法评价出到底是因为颜色偏暗还是偏鲜艳导致R_a变小。同时使用R_a和G_a，可以从鲜艳程度评价显色性。但是，即使将R_a和G_a组合在一起可以评价数值上的保真度和鲜艳程度，可仅凭这些也是无法评价色相方面的颜色偏差（比如红色是偏向橙色了还是偏向紫色了等）。在设计时，可以使用这些指标事先做预测，在缩小候补产品范围之后，着眼于实际的照明状况，并用自己的眼睛去确认。在第一部介绍的"HOKI美术馆"（P50）的照明中，用的是R_a和R_i值不高的LED。有可能就是在最后的目测确认阶段中，验证了LED的R_a和R_i的数值低，G_a的值也很高，展览品的颜色会看起来更鲜艳，设计师们才选择了LED。在G_a值不明的情况下，定量的显色性信息较少时，用眼睛去亲自确认更为重要。

在基于鲜艳程度的显色性评价指标中，除了色域面积比之外，还有与醒目感相关的显色性评

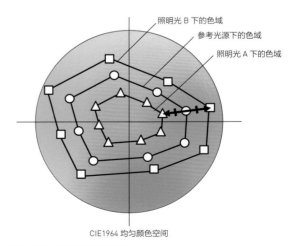

[图12] 用八角形面积计算G_a

价指标 *FCI*（Feeling of Contrast Index）[15) 16)]。在醒目感中，颜色的鲜艳程度与亮度有关，*FCI* 使用鲜艳的红色（芒塞尔颜色系统[①]5R4/12）、黄色（5YB/8）、绿色（5.5G5/8）、蓝色（4.5PB3.2/6）4 种试验色来计算。通过在 CIE 1976 L*a*b* 颜色空间上计算 4 种试验色在待测光源照明的情况和参考光源 D65 照明的情况下各自的色度是多少，将待测光源下的色域面积除以参考光源下的色域面积。把使用 CIE 颜色适应公式计算出的评估待测光源下的色度，作为与参考光源 D65 对应的颜色。另外，如果 *FCI* 的值相等，则即使亮度不同，醒目感也相同。在能让物体看起来色彩鲜艳的照明光下，就算照度低也很醒目，*FCI* 是能够定量评价这些的指标。

肤色好感度的照明光显色性评价指标，有肤色好感度指数 *PS*（Preference index of Japanese Skin colour）[17)]。*PS* 是用来计算特殊显色指数的，用待测光源照射试验色 15 时的色度坐标计算出来。使用 CIE 颜色适应公式将试验色 15 的 *x*、*y* 色度坐标转换为参考光源 D65 下对应颜色的色度坐标，进而转换为 CIE 1976 UCS 图上的 *u'*、*v'* 色度坐标。根据实验得到最理想的日本人肤色色度坐标（*u'*，*v'*）=（0.2425，0.4895），用待测光源来照射试验色 15 时，通过相对色度坐标的方向和距离来计算 *PS*。在好感度最高的色度坐标中，*PS* 值为 100，越偏离椭圆状，*PS* 的值越小，也就是说越不受人喜欢。计算公式如下。

$$PS=4 \times 5^P$$
$$P=446.846+2024 \times u'+145 \times u'^2+8689 \times u'^3-$$
$$4318 \times v'-8719 \times u' \times v'-16082 \times u'^2 \times v'+12260 \times$$
$$v'^2+18608 \times u' \times v'^2-12579 \times v'^3$$

1.3 | 提高显色性的照明光

1.3.1 提高保真度的照明灯具

美术馆和博物馆使用的照明大多要求真实再现展品的颜色。另外，在检查印刷物等颜色的特殊环境中使用的照明也需要较高的颜色保真度。

要想提高 R_a 值和 R_i 值，代表性手段是在人眼

---

① 芒塞尔颜色系统：按照明度、色相和彩度的视觉等视原理，由一系列色标（色卡）排列组成的系统。以明度、色相、彩度的顺序排列数值和字母来表示颜色。

可见的波长（380～780nm）范围内选择接近自然光的连续光谱分布。传统使用的高眩光型荧光灯在 380～780nm 全波长范围内具有连续的光谱分布，但 LED 本身的特征是在窄带区域发光，因此在实际的运用中需要考虑这一点。

白色 LED 也因发光结构不同有几种类型。具有代表性的是红色、绿色、蓝色组合的 LED，以及单色 LED 与荧光体的组合。单色 LED 与荧光体的组合类型则进一步分为蓝色 LED 与红色、绿色荧光体的组合以及紫色 LED 与红色、绿色、蓝色荧光体的组合。在组合了红色、绿色、蓝色 LED 的类型中很难得到连续的光谱分布，难以实现高显色性的白色照明光，但优点是，调色后适用于灯光秀或灯饰等，可以轻而易举实现各种各样的光色。在单色 LED 组合了荧光体的类型中，根据所选择的荧光体种类，显色性会有不同。组合多个荧光体时，能够比较容易地实现连续的光谱分布，获得高显色性的白光。在组合紫色 LED 和荧光体的类型中，通过使用在宽带区域上发光的蓝色荧光体，可以很简单地得到连续的光谱分布。

另外，如果将紫色 LED 与红色、绿色、蓝色荧光体组合等得到连续光谱分布，则通常发光效率可能会降低。所以结合需设计的空间，选择恰当的 R_a 值、R_i 值和发光效率的光源是非常重要的。

为了只用人工照明来实现高 R_a、R_i，如上所述，需要设法使所使用的 LED 和荧光体组合，但理论上自然光的 R_a、R_i 值为 100，因此将自然光与人工照明组合，也可以实现高 R_a、R_i。例如，第一部介绍的"津市产业·体育中心"（P42）等就是很好地利用自然采光的案例。在主要空间仅限于白天使用的小学校里，该方法是行之有效的。但是，基于窗户和光管等采光装置的光谱透射率和光谱反射率，在将光引入空间之前，光谱分布有可能会发生变化，这样就得不到高 R_a 值和 R_i 值。

1.3.2 提高被照射物体色彩鲜艳程度、好感度的照明光

这个领域是近年来很多人研究、开发的活跃领域。例如，有的研究是评价实验对象被各种照明光照射的色彩醒目程度，用照明光的光谱分布来量化

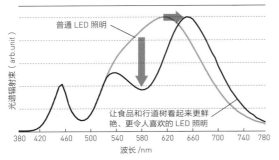

[图 13] 让食品和行道树看起来更鲜艳、更令人喜欢的照明光的光谱分布示意图

普通 LED   "彩光色" LED

普通 LED   "彩光色" LED

[图 14] 被照明光照得色彩鲜艳的食物和植物

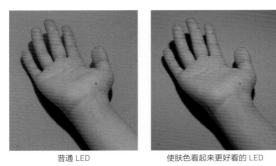

普通 LED   使肤色看起来更好看的 LED

[图 15] 使肤色看起来更有好感的照明

醒目感[15] [16]，还有的研究是量化醒目指数和盆栽颜色好感度的关系[18]。根据这些研究成果，减少普遍使用的 LED 中 570nm 左右波长的黄色光，将红色光改为波长较长的光，被照射的食品和植物的红色、绿色会变得更加鲜艳，让人心生好感。以这些研究成果为基础，人们开发出了让生鲜食物和行道树等植物看起来很鲜艳、很讨喜的照明。图 13 为这些照明照在图 14 物体上的光谱分布示意图。

与肤色好感度相关的研究也是有的。让实验对象主观评价被各种照明光照射的日本女性的脸颊肤色，研究了大家最喜欢的色度点，得到的结果是减少肤色的黄色，带点红色的肤色会更让人产生好感[17]。利用这项研究成果，人们开发出了普通 LED 中减少波长在 570nm 左右的黄色光的照明。图 15 是用这样的照明光照出的皮肤颜色。专栏介绍的化妆照明也是以同样的目的被开发出来的，所以这些照明在商店、诊所、餐厅、住宅等地方很受欢迎。

随着 LED 成为照明光源的主流，人们也更加关注鲜艳程度、好感度等非保真度观点的显色性评价方法、评价指标，CIE 也对这些进行了积极的讨论（例如 TC1-91）。今后还需要有一种评价方法，能够符合设计空间的意图，确定所需的显色性为哪一方面（保真度、鲜艳程度、好感度等），着眼于发光效率，使用合适的指标对光源、照明灯具进行综合性评价。只是，现在即使同时使用几个评价指标，也有难以完全预测对象物体颜色外观的情况。如果颜色外观非常重要，除了结合几个色度评价指标从理论上进行评价之外，在实验室和现场通过目测进行确认和验证也很重要。

（向 健二）

参考文献

1） CIE：Colorimetry 4th Edition，CIE 015（2018）

2） 日本産業規格、JIS Z 8725、光源の分布温度及び色温度・相関色温度の測定方法（2015）

3） 日本産業規格、JIS Z 9112、蛍光ランプ・LED の光源色及び演色性による区分（2019）

4） Kruithof：Tubular Luminescence Lamps for General Illumination, Philips Technical Review, 6, pp.65-96（1941）

5） 中村：Kruithof のカーブは正しいか？、照明学会誌、85-9、pp.793-795（2001）

6） von Kries, J.：Die Gesichtsempfindungen, Handbuch der Physiologie des Menschen, pp.109-282（1905）

7） 栗木一郎：色恒常性の神経計算理論、光学、28-5、pp.232-241（1999）

8） CIE：A method of predicting corresponding colours under different chromatic and illuminance adaptations，CIE 109（1994）

9） 池田：照明認識視空間の照明設計への応用（その1）、照明学会誌、83-12、pp.913-916（1999）

10） 日本産業規格、JIS Z 8726、光源の演色性評価方法（1990）

11） 日本産業規格、JIS Z 9125、屋内作業場の照明基準（2007）

12） 日本産業規格、JIS Z 9126、屋外作業場の照明基準（2010）

13） CIE：CIE 2017 Colour Fidelity Index for Accurate Scientific Use，CIE 224（2017）

14） Mukai, K.：Relationship between Colour Rendering Indices and Subjective Colour Differences, Proceedings of 29th CIE Session Washington DC, Volume1-Part2, pp.980-989（2019）

15） 橋本、矢野、納谷：目立ち指数の実用化式の提案、照学誌、84-11、pp.843-849（2000）

16） Hashimoto, K. et al：New Method for Specifying Color-Rendering Properties of Light Sources Based on Feeling of Contrast，Color Res. Appl.，32-5，pp.361-371（2007）

17） 矢野、橋本：照明光下での日本人女性の肌色に対する好ましさの評価方法、照学誌、82-11、pp.895-901（1998）

18） 槻谷、斎藤：植栽の色を好ましく見せる照明、平成25年度照明学会全国大会講演論文集、8-39（2013）

第 2 章

视认性

2.1 | 视认性是什么

视认性即为字面意思，是指"能够看到并识别的程度"。视认性的好坏，最重要的是"想看的对象"（所看物体）和其周围（背景）的明暗差异、颜色差异是否足够大。在表现对象物体和背景的明亮程度时，我们会使用"亮度"这一光学物理量。

图 1 是设计照明环境时最基本的光学物理量。被照明物体和背景的明暗差异一般用二者的亮度对比来表现，如果该对比足够大，则可以说定性地保证了视认性。顺便说一下，从反射面到达眼睛的亮度大致可以根据入射光在反射面上的照度和该表面的反射率来计算，如果是均匀照射的面，则通过增大被照明物体和背景的反射率差异，来保证较好的视认性。另外，如果二者颜色不同那就更加专业了，本书中不进行详细叙述。结合第 1 章中介绍的色差，我们是可以对视认性进行评价的。

2.2 | 视力和易读性

在"定量"思考视认性因什么因素而发生变化的时候，我们试着从大家都熟悉的视力来考虑这个问题。在经常用于视力检查的蓝道环视标中。视力是由能勉勉强强辨别的最小尺寸 S_t（分）来定义的，如图 2 所示。在一般性的视力检查中，虽然背景亮度和对象亮度的对比度 C （$=|L_t-L_b|/L_b$）是一定的，但是在有意使该背景亮度和亮度对比度发生变化的情况下，视力如图 3 所示。也就是说，所看物体的背景亮度（适应亮度）越高，视力越好，而且所看物体与背景亮度的对比度越大，视力越好。

视力是表示"看得见 / 看不见"的分界线，但是在实际的光照环境设计中，要让客户能够看清想看的物体。也就是说，掌握所看到的物体"容易看

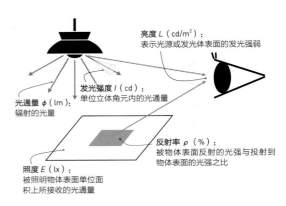

亮度 L（cd/m²）：
表示光源或发光体表面的发光强弱

发光强度 I（cd）：
单位立体角元内的光通量

光通量 ϕ（lm）：
辐射的光量

反射率 ρ（%）：
被照物体表面反射的光强与投射到物体表面的光强之比

照度 E（lx）：
被照明物体表面单位面积上所接收的光通量

[图 1] 基本光学物理量

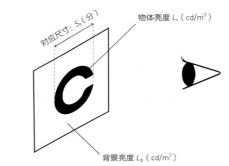

对应尺寸：S_t（分）

物体亮度 L_t（cd/m²）

背景亮度 L_b（cd/m²）

[图 2] 蓝道环

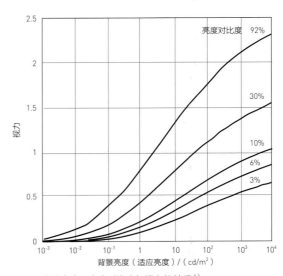

亮度对比度 92%

30%

10%

6%

3%

视力

背景亮度（适应亮度）/（cd/m²）

[图 3] 背景亮度和亮度对比度与视力的关系 [1]

见／不容易看见"的界限很重要。关于定量评价该易看程度的方法有好多种，但基本上都是通过对比"明视三要素"——物体的尺寸，物体的背景亮度（自适应亮度），物体与其背景的亮度对比度——来得出评价结果。

这三个要素在光照环境的空间和时间都不发生变化的情况下，会对视认性产生影响，但是在亮度因空间位置和时间而变化的环境中，空间和时间上光照环境的变化也会影响视认性。为了确保视认性符合目的和用途，我们从物体的尺寸、背景亮度以及物体和其背景的亮度对比度这三点出发，考虑了空间和时间变化的特性后做出调整。但是，在实际的光照环境中，实际上不是物体和背景二选一，而是存在各种物体和背景区域混合在一起的情况，所以调整方式会在很大程度上影响设计的好坏。接下来，我们为大家整理总结了一些对设计有用的观点。

2.3 | 文章的易读性、视认性的评价指标

在设计办公室等需要重视视觉作业的空间照明时，需要确保纸质印刷文字和显示器上的文字容易被看清。

首先，关于印刷物的易读性，图 4 表示了视觉工作面的照度和文字尺寸的关系。图 4 中，将印刷物（明体印刷，汉字和假名交织）放到距离视线约为 40cm 处阅读，显示了"作为阅读环境正好的亮度（工作面照度）"范围，以及纸面的文字"能够

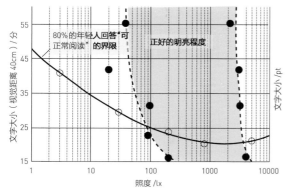

[图 4] 工作面照度与字符的易读性以及阅读环境之间的关系[2]
字符与背景的亮度对比度为 0.96。右轴用 pt 表示文字大小，左轴表示在距离约为 40cm 处观察时的文字大小用"分"换算后的值

正常阅读"所需的文字尺寸与工作面照度的关系。

那么，如何将这个数据用到照明设计中呢？如果是普通的办公室照明设计，这时候看重的不是一般性纸面文字尺寸是否"能够正常阅读"，而是"作为阅读环境正好的亮度"是多少。这是因为照明设计无法决定所要阅读的文字尺寸，所以不用拘泥于文字多大，而要优先考虑没有太大变化的"作为阅读环境正好的亮度"范围。另一方面，在文字大小一定的情况下，如果想因某些理由降低照度，也可以按照"能够正常阅读"的范围来设计照度。比如说，像室外签字售书或者明星签名这种活动，则无须考虑是否方便阅读，只要能看清就足够了。但是，我们应注意，这里引用的数据是在室内均匀照明环境下获得的。这些数据是否适用于实际设计的项目，应该由设计者负责判断。

除了这个数据之外，还有其他数据，比如设定"勉强能看清""不费力就能看清""非常容易看清"等条件，上述明视三要素需要满足什么条件的研究数据[3]，以及易读性的评价函数[4]等，都可以根据不同的设计要求而灵活使用。

至此介绍的主要是基础理论，都是对在大致统一的背景下文字易读性的评价。但是，在实际环境中，几乎没有仅由视觉对象和均匀背景构成的环境，通常背景的亮度分布也十分复杂。下面，我们将通过在实际环境下对易读性和视认性的评价方法，来讲解基础知识的运用。

考虑办公室的实际环境，在日光射入时，需要确保显示器上的文字容易被看清。接下来介绍的是将窗户的大小设定为图 5 所示的两种尺寸，通过改变窗面的亮度、室内照明的强度，以提高桌子上显示器中文字的易读性。此时，显示器和文字的亮度根据上述方式[3]被设定为"不费力就能看清"的程度。

图 6 显示了以面对窗户方向进行评价时，和

[图 5] 提高办公室显示器上文字易读性的实验[5]

面对墙壁方向进行评价时显示器上文字易读性的变化。从该图可以看出，至少在为获取数据而设定的条件范围内，无论窗面尺寸、窗面亮度、室内照明强度与窗面和显示器的位置关系如何，易读性几乎没有变化，都可以保持"不费力就能看清"的程度。也就是说，关于该数据的解释是，显示器上文字是否容易读取与显示器周围的状况无关，可以仅通过显示器上的明视三要素进行评价。

在住宅照明的运用案例中，有人通过改变照明光的颜色来尝试改善纸面文字的易读性（参照专栏02-01）。这是通过调整照明光的光谱分布，让纸面给人的感觉更白，达到提高视认性的目的。

接下来，除了阅读文字，为了更广泛地评价视认性，近年来有人提出了运用视觉亮度分布数据的方法[6]。对于具有如图7所示复杂亮度分布的场景，可以将视认性推测为图像。该方法对空间里的亮度变化进行频率解析，对每个频带施加变化系数进行再合成。传统知识是在人类视觉系统的信息处理过程中，通过假设多重模型，从而解释视认性差异[7]，前述方法和传统知识一致。该方法的优势之一是可以确认亮度分布空间的整体视认性。还有一种思路与上述方法都相反，研究是否存在看不清的地方，这种也是很有效的。另外，亮度分布数据如果利用 Radiance 等光照环境模拟软件，则能够获取设计阶段的亮度分布，而使用数码照相机等图像测光技术[8]，则能够取得实际环境的亮度分布，这些都可以在做设计时参考使用。

2.4 | 明亮程度变化和视认性

到目前为止，针对物体和其背景的亮度没有太大变化的静态环境，我们介绍了视认性变化的因素以及在设计中如何运用。接下来，我们想研究物体和背景的亮度在时间差异很大的情况下会怎样。

人类视觉系统如同 8 位数的动态摄像头，可以看到从照度约为 100000lx 的阳光直射环境到照度约为 0.01lx 的新月夜光环境。然而，虽然不可能确保这么大区域内视觉系统的灵敏度有多高，但人的视觉系统可以调整眼睛的灵敏度以适应光照环境的亮度，即通过"视觉适应"，在各种亮度环境下都能够看到物体。

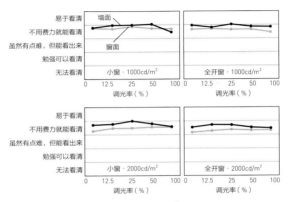

[图6] 显示器上文字易读性的评价结果[5]

[图7] 具有复杂亮度分布场景的视认性评价[6]
上图：作为视认性评价对象的亮度分布数据。下图：从亮度分布数据转换为视认性的图像。越亮的部分视认性 SV（Subjective Visibility）越高

这里的问题是，这种适应是需要一定时间的。特别是从明亮环境到黑暗环境的情况下，所需的时间更久。所有人都有过这样的体验，比如晴天从室外进入室内，进屋的瞬间会感觉眼前一暗什么都看

专栏 02-01

清楚显示文字的照明

　　有研究是通过使白色物体看起来更白的方式，让印刷在白纸上的文字更为清晰可见。基于这种研究，有人开发了相应的照明灯具。众所周知，纸上印刷文字的可见度等视认性是由对象文字背景的纸面亮度、纸张和文字的对比度、文字的大小这三个要素决定的[1、2]。另外，纸张的白色感觉是由纸的光谱反射率、照明光的光谱分布和照度决定的[3]，一般打印纸的白色在相关色温约为 6200K 时会让人感觉更

白。纸张越白，纸张和文字的对比度越高，文字越容易看清，基于这种假说，有人开发了能让文字清晰可见的住宅照明。这种照明和普通住宅照明 LED 相比，可以照射出相关色温高达 6200K 的光。6200K 的光能让纸张看起来更白，与黑色文字的对比度更高，从而起到文字更容易看清的效果[4]。

（向 健二）

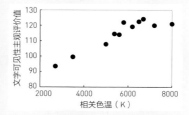

图 1　照明光的光色和文字可见度的关系

图 2　用能使文字更鲜明的光照射的印刷
　　　品示例（Panasonic 提供）

［参考文献］
1）中根、伊藤：明視照明のための標準等視力曲線に関する研究、日本建築学会論文報告集、第 229 号、pp.101-109（1975）
2）佐藤、伊藤、中根：見やすさに基づく明視照明設計に関する研究、照明学会誌、第 64 巻第 10 号、pp.541-548（1980）
3）Mukai, Takeuchi, Ayama and Kanaya： An objective method for quantifying whiteness perception by applying CIECAM97s, Proceedings of SPIEVol.4421, The 9th Congress of the International Colour Association, pp.603-606, 2001
4）松林他：居室における光色と文字の読みやすさに関する研究、平成 28 年度照明学会全国大会講演論文集、6-11（2016）

不见，这个过程就是适应所需要的时间。

　　图 8 显示了适应黑暗环境所需的时间。此图是最极端的亮度变化（从足够亮的状态到漆黑的状态），从横轴上的时间为 0 时不断发生变化，直到竖轴可观察到的最小亮度。仔细观察图中的曲线，会发现两条反比曲线重叠。这是因为人类视网膜上的感光细胞大致分为视锥细胞和视杆细胞两种类型。如图 8 所示，形成两个曲线重叠的形状是因为视锥细胞和视杆细胞适应所需时间和灵敏度的最大值不同。视锥细胞主要在明亮的光照环境下（被称为明视觉，照度大致在 1lx 以上）工作，视杆细胞主要在黑暗的环境下（被称为暗视觉，大致在 0.1lx 以下）工作。

　　在明视觉和暗视觉中，视觉系统对光的波长感应灵敏度的特性如图 9 所示。另外，在明视觉和暗视觉之间，有被称为中间视觉的区域。在中间视觉的亮度环境下，眼睛适应明亮程度的特征更像是明视觉和暗视觉灵敏度的中间水平。

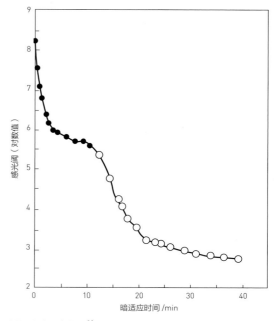

［图 8］暗适应曲线[9]

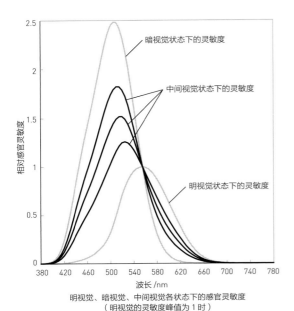

明视觉、暗视觉、中间视觉各状态下的感官灵敏度
（明视觉的灵敏度峰值为1时）

[图9] 明视觉、暗视觉、中间视觉各状态下眼睛的灵敏度特征 [10]

回到光照环境设计的话题。在进入上述晴天的室外或室内时，室内的亮度通常为明视觉水平，因此基于视锥细胞灵敏度变化的光照环境设计就更为重要。另一方面，像天文馆那种，需要较暗环境的光照环境设计，就要将环境明亮程度设定为中间视觉、暗视觉水平，因此需要考虑视杆细胞的灵敏度变化。在设计演出空间时，同样需要考虑日落后逐

渐变暗的环境，考虑人类眼睛的适应特性。

那么，在每个案例的设计中，亮度的变化应该达到什么程度呢。因为每个项目的光照环境变化情况都不相同，所以无法确定亮度变化就是某一个程度。但是，如果理解了人类视觉具有上述特性，对整理设计的思路会很有帮助。

在实际的建筑项目方面，"上越市立水族馆 海洋物语"（P62）中，为了让游客慢慢地在展示路线中感受到如同潜入大海的景致，设计出了不同亮度的出场顺序，这是在演绎景致的同时也考虑了人类视认性变化。

在"津市产业·体育中心·SAORINA 中央体育馆"（P42）中，要将日光引入必须瞬间看清物体的竞技场馆（体育馆），为了确保视认性，设计师们也同时讨论了应将日光变动而引起的竞技场内亮度变化抑制到何种程度。另外，在球赛等比赛过程中，不仅要确保场地附近的视认性，还要考虑在一定高度的看台上观众也要能看清比赛才行。该体育馆通过研究室内照明的配光和放置隔断，来实现较高位置的观众席也能看清比赛。

另外，人们还开发了适用于夜间街道照明的照明设备（参照专栏 02-02）。调整照明光的颜色，防止在中间视觉环境下看不清东西。

专栏 02-02

在中间视觉状态下看起来很亮的照明

很多人在研究如何在中间视觉状态下提高可视性的监控照明。视锥细胞的灵敏度峰值约为 555nm，杆体的灵敏度峰值约为 507nm，在视杆细胞发挥作用的暗视觉状态下，波长较短的蓝色光线看起来会更加明亮。

一般住宅街区夜晚的环境多为处于明视觉和暗视觉之间的中间视觉环境，在该中间视觉状态下，人

类眼睛会对波长在视锥细胞反应峰值 555nm 和视杆细胞反应峰值 507nm 之间的光做出最强烈的反应。基于这种人眼的灵敏度特性，有人开发了一种在暗视觉状态下易于观察对象的监控照明。这种监控照明比通常的监控照明 LED 含有更

一般的 LED

暗视觉状态下看起来更清晰的 LED

图 1　暗视觉状态下，右图是看起来更清晰的 LED 照明的夜间街道
（Panasonic 提供）

多短波长的光，对象物体在暗视觉状态下看起来更明亮，更清晰 [1]。

（向 健二）

[参考文献]
1）白倉、明石、斎藤「街路照明が分光特性が空間の明るさに及ぼす影響、照明学会誌、第 96 巻第 5 号、pp.259-271（2012）

2.5 | 个体的视觉特性和视认性

视觉是容易产生个人差异的感觉之一。但是，产生这种差异的方式几乎都有一定的倾向性，解读这种倾向性有助于光照环境的设计。

个人差异产生的主要原因是随着年龄的增长视觉特性在变化。首先是视觉调节能力下降，原本看近处清楚变为看远处清楚，也就是所谓的老花眼。如果是 10 多岁的孩子，即使在距眼睛不到 10cm 的距离，也能够充分聚焦于观察对象；但是到了 40 多岁的话，就需要 20 ～ 30cm 的距离；五六十岁的人需要更远，在 50cm 以上的距离才能看清。不仅是聚焦，视力也随着年龄的增长而变化。图 10 表明了在多个适应亮度下年龄和视力的关系。可以看出，50 岁以后视力显著下降。

其中一个原因是，眼睛中的镜片——晶状体随着年龄的增长而逐渐变得混浊，形成白内障。白内障就相当于眼睛通过白色不透明磨砂玻璃观察世界，其变化如图 11 所示。晶状体在清晰的状态（图 11 上）下，外界的像投影到视网膜上。而在混浊的晶状体（图 11 下）中，由于入射进眼睛的光在晶状体内散射，其散射光（光幕亮度）与视网膜上的物体影像重叠，物体与背景的亮度对比降低，从而导致视认性降低，很难看清物体。这里，光幕亮度的大小与到达眼睛的光的总量和晶状体等的散射程度之和是成正比的。因此，即使白内障没有那么严重（也就是说，即使是年轻人），当到达眼睛的光的总量变大时，光幕亮度也会增加。因此，做照明方案时，要减少照射物体以外的光量，不仅老年人的眼睛状况需要如此，年轻人也应尽量不看额外的光量。

另外，适应时间方面同样有年龄因素的影响。如图 12 所示，暗适应所需时间随着年龄的增长而增加。例如，20 多岁时，对于 5 分钟左右的适应时间能感知到的光量，60 多岁时需要 2 倍，也就是说需要 10 分钟左右才能适应。

这里介绍的值是从对许多实验对象的观察中获得的平均值。如果是很多人使用的环境，可以参考这个值来设计光照环境。另一方面，也有做法是提供适合个人视觉特性的个性化定制视觉环境。随着

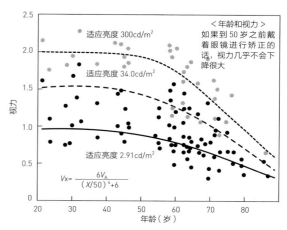

[图 10] 随着年龄的增加，近距离视力的变化 [11]

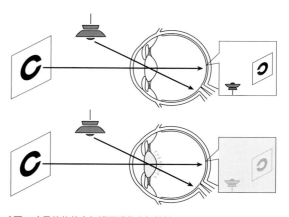

[图 11] 晶状体状态与视网膜像之间的关系

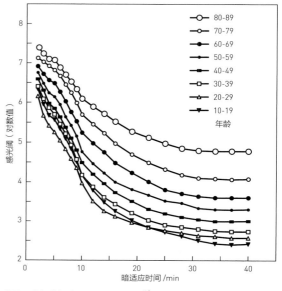

[图 12] 年龄与暗适应特性的关系 [9]

年龄的增长，视觉特征的变化程度因人而异，限定住宅和病房等的使用人情况下，这种个性化定制方式更有针对性，也是十分可行的。

适合老年人的试衣间[12]也是一种实际应用。考虑了人类眼睛由于白内障的发展导致亮度对比减少，也考虑色彩的鲜艳程度减少，为了确保人看到衣服的鲜艳程度，在试衣间的照明配光方面，让光线仅照射到衣服，避免产生多余的光幕亮度，而且试衣间内部装修是由反射率低的面构成的。

产生视觉特性个体差异的主要因素，还有色觉的个人差异。人的色觉是由视网膜内对光的波长感应灵敏度不同的3种视锥细胞产生的。视锥细胞中有分别对长波长（560nm左右）灵敏度达到峰值的L视锥细胞、对中波长（540nm左右）灵敏度达到峰值的M视锥细胞、对短波长（440nm左右）灵敏度达到峰值的S视锥细胞。大部人同时具有这三种视锥细胞（称为三色视者），而有人因为遗传原因导致某一种椎体灵敏度异常（被称为三色觉异常者），或是不具备某一个视锥细胞（被称为二色觉者），或者有人只有一种视觉细胞（被称为单色觉者），这些色觉者以一定的比例存在。三色觉异常者和二色觉者根据三种视锥细胞中的哪一个视锥细胞有异常，分别被称为第一色觉者（L视锥细胞异常）、第二色觉者（M视锥细胞异常）、第三色觉者（S视锥细胞异常）。

图13是在xy色度图上，用直线连接二色视者无法区分的颜色。例如，二色觉者不能辨别(x, y) = $(0.6, 0.3)$附近的红色，(x, y) = $(0.4, 0.4)$附近的淡黄色，(x, y) = $(0.2, 0.7)$附近的蓝色，这些全部被感知为淡黄色。

三色觉异常者并不像二色觉者那样认为混合色线上的所有颜色都相同，而是难以区分混合色线平行方向上一定范围内的颜色。混合色范围有个人差异，要想正确判定某个人到底分不清哪些颜色，需要使用类似色盲镜这样的检查设备。

从光照环境设计的观点上，如果要做签名售书等活动，考虑到场的会有各种色觉类型的人，这时重要的不是颜色的差异，而是针对不同亮度进行配色，基本思路是不要将同一混合色线上的颜色并列配色，避免有些人看不清。

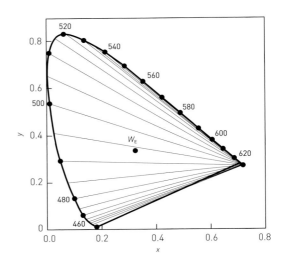

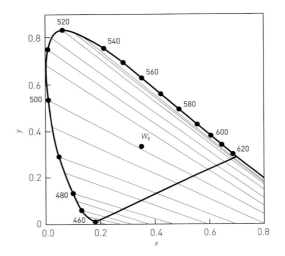

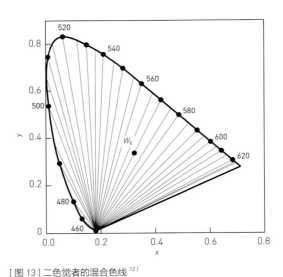

[图13] 二色觉者的混合色线[12]

在xy色度图上，从上往下依次显示了第一色觉者、第二色觉者和第三色觉者的混合色线。

近年来，智能手机和 PC 的图像转换模拟软件可以用于简单模拟和确认各种色觉类型的人对颜色外观的感受，这些数据可用作设计参考。设计不能给各种视觉特性的人增加负担，可参考前半部分介绍的"神户眼科中心 Vision Park"（P34）。在这里，使用局部照明提高对比度从而提高可视性，以及通过家具的大小、配置、配色等方法来引导动线。

（山口秀树）

参考文献

1）池田鉱一、野口貢次、山口昌一郎：ランドルト環視標の輝度対比および順応輝度と視力との関係、照明学会誌、67-10，pp.527-533（1983）

2）Inoue, Y. and Akitsuki, Y.： The Optimal Illuminance for Reading ? Effects of Age and Visual Acuity on Legibility and Brightness, J. Light & Vis. Env. 22-1, pp.23-33（1998）

3）原直也、佐藤隆二：文章の読みやすさについての多様な設計水準に対応する明視三要素条件を示す「等読みやすさ曲面」、日本建築学会環境系論文集、575、pp.15-20（2004）

4）岩井彌、岡嶋克典：正対比文字で構成された文章に対する読みやすさ評価関数、照明学会誌、88-11、pp.874-881（2004）

5）大塚俊裕、他：昼光利用における窓面と壁面の好ましい輝度対比に関する研究 - その 6 視線方向とディスプレイの有無の影響 - 、日本建築学会大会学術講演梗概集（中国）pp.549-550（2017）

6）中村芳樹、島崎航、岩本朋子：輝度画像を用いた視認性評価法 -LED 表示や 3 次元物体にも適用可能な汎用的視認性評価法 - 、照明学会誌、94-2、pp.100-107（2010）

7）Campbell, F. W. and Robson, J. G. ： Application of Fourier analysis to the visibility of gratings, Journal of Physiology, 197, pp.551-566（1968）

8）山口秀樹：画像測光システムの概要と活用の留意点、照明学会誌、103-12、pp.507-510（2019）

9）池田光男、池田幾子：目の老いを考える、平凡社（1995）

10）佐川賢：照明レベルと視覚、照明学会誌、77-5、pp.764-765（1993）

11）新時代の照明環境研究調査委員会：新時代に適合する照明環境の要件に関する調査研究報告書、照明学会（1985）

12）https：//www.g-mark.org/award/describe/31848?token=UCojEaDDJS

13）篠田博之、藤枝一郎： 色彩光学入門、森北出版株式会社（2007）

第 3 章

视野·开放感

3.1 | 关于本章

　　本章标题是视野·开放感，尽管很多人在研究这个重要话题，但与定量指标等相关的研究很少，在这里，以笔者的见解为主，讨论了与窗户相关的内容。虽然这个题目和第 2 部分其他章节题目看起来格格不入，但还是请大家多多包涵，耐心阅读。

3.2 | 窗户的价值正在被动摇

　　我们人类是自然的一部分，人类需要大自然的恩惠，但为了在大自然之外生活，也需要脆弱的、被称为建筑的箱体的庇护。如何接受外界的影响是由建筑的窗户来调整的，窗户与气候、地域的特性、社会的要求、构造的制约等因素保持平衡，同时能给我们带来适度的环境，是非常重要的建筑部件。

　　但是，CO_2 排放被视为大敌，而建造并维护建筑物这个箱体是会产生 CO_2 的，并且窗户在 CO_2 减排方面贡献很小。据说最开始的时候，正确的节能做法是积极地采纳日光，降低人工照明的耗电。到 20 世纪 90 年代为止，随着经济的好转，尺寸大且成本高的照明装置虽然被研究出来了，但是并没有形成潮流，没能成为标准装备。人们还开发了高效率的荧光灯、LED 和节能光源，随着人们对窗口与热和光的相对关系的认识越来越深，最终的走向是不再选择自然采光、窗户越小越好。

　　在图 1 所示的 2013 年 6 月 25 日的文章中，美国的 "Standard for the Design of High-Performance Green Buildings Except Low-Rise Residential Buildings"（除低层住宅外的高性能绿色建筑的基准）中，中小规模建筑的 WWR（Window Wall Ratio，窗户相对于墙面的比例，与日本的开窗率意思不同）在

[图 1] 美国节能标准重新评估导致 WWR 下降，玻璃业界等表示反对的报道（参照 2020 年 5 月 31 日）

2012 年版中从 Not Rated（不予评价）到被规定为 40% 以下，而在 2015 年的修订研究中，人们讨论了将这个值进一步下调至 30% 以下，图 1 文章记载了玻璃行业和窗框行业提出的反对意见。从结论上来说，虽然没有下调到 30%，但因为理论上窗户越小越节能，所以很多时候窗户被建得很小，无法发挥原有的各种功能。

　　当然，在日本，限制窗户的政策也在放宽，具体时间与美国差不多一前一后。不过，根据 1999 年的《建筑基准法》修订（2000 年实施），由于需要重新评估技术开发相对应的限制项目，日照规定［《建筑基准法》第 29 条（当时）］被废止，采光规定［《建筑基准法》第 28 条（当时）］被放宽了。实际上，采光规定也有可能会被废止，但因为建筑学会把《对现行采光规定的意见》意见书提交给了建设省（现在的国土交通省），反对废止采光规

定，所以该规定才仅仅是被放宽，而不是被废止。日本虽然不像美国那样认为窗户"越小越好"，但都认为"窗户小点也没问题"（从地下室都变成了起居室这一点来看，也可以理解为"没有窗户也可以"……），如此一来窗户的存在价值就降低了。

之后，在美国，或许是出于对节能至上主义的反抗，2014 年制定了 WELL Building Standard（通称 WELL 认证），人们开始关注建筑物使用者的身心健康，Human Centric Design（人性化设计）这个词在日本很多人都有所耳闻，虽然感觉像是开始步入正轨，但仅以节能性能来定夺一切的思想一直都存在。当然，这里并不是说节约能源不好。我充分理解节能在当今时代的重要性，所有节能的行为都有很大的价值。但是，从决定窗户的关键要素来说，节约能源是必要条件，并不是充分条件，这听起来像在说废话，但事实上设计师需要有意识地思考这件事。

限制放宽，如果好好把握的话，可以增加建筑的表现形式，但换个角度，在被放宽的范围中，具体要做怎样的选择就看设计者的判断了。适当规划窗户，需要保持某种平衡。我们容易把数字化的东西当成目标，这目标也容易达成，完成的时候容易得到满足感。但是，如果忽视了内在居住者的舒适性，那么建筑就会沦落为设计者自我满足的简单箱体。

本章将总结窗户的作用，介绍窗户的历史，同时也介绍与窗户相关的各种技术。

3.3 | 窗户带来的"舒适性"有哪些

从光照、视觉环境的角度考虑，窗户的作用大致可以分为 3 个方面。第一，是维持视觉作业等"功能性"作用。例如，为了看清物体，是否有充足的采光量，是否因眩光导致视认性降低了。详细内容请参考第 2 章"视认性"和第 4 章"眩光控制"，这些是设计上必须满足的条件。

第二，是"生理"的影响。详细内容请参照第 6 章，是指在紫外线照射下骨骼生长、调整昼夜节律等影响。

第三，是在本章中会提到的"心理"效果。通过向外眺望获得开阔视野正是这种心理效果。

无论哪一种作用，都致力于提高室内人员的"舒适性"，但实际上人们对"舒适性"的理解稍有不同。首先，满足第一个作用"功能性"而获得的"舒适性"与英语表达中的"Comfort"相对应，指的是不会令人不舒适的状况。第二个生理影响不会直接伴随单纯的不舒适情绪，所以稍微将其放在一边。第三个"心理"效果带来的舒适性是相当于英语表达的"Pleasantness"的积极舒适性。

写这篇文章时，我想起一位空调专家说："设备设计是想象最糟糕的情况，目标是不发生这种状况；而意向设计则是想象好的状况，即使只有特定的时间需要，也要创造出这种体验。"恐怕前者就是"Comfort"，后者是"Pleasantness"吧。当时虽然同是环境工程学领域，但因为见解不同，所以我还记得当时的自己极为震惊，而在光照和视觉环境中，"Comfort"和"Pleasantness"的并存才是乐趣所在，二者并非是二选一的关系。

请想象一下接下来的场景。在视觉作业的场所，没有窗户，没有白天的光线变动，没有人工照明的眩光感，也不昏暗，只有均一且亮度适宜的纯白空间。完美去除了所有让人不舒适的因素，功能性强，内饰反射率高，光束少，所以节能性也高。那么，有多少人长时间待在这个空间里会感到很舒服呢？明明是努力去掉了所有不好的因素而创造出来的空间，在室内工作的人，虽然脸不会因难受而扭曲，但也不会露出笑容吧。假如，把一朵花放在这个房间里又会怎样呢？花对视觉作业完全没有贡献，不仅如此，还需要一定成本，需要花工夫换水。从实用性方面理性考虑的话，花不是必需品。但是，人看到了花，在某一瞬间露出微笑，这不正是一朵花的力量吗？

设计光照和视觉环境的人，不仅在技术上需要满足功能性，而且即使不跟他解释一朵花的价值他也能理解，因为他拥有想让人露出笑容的感性。而所谓窗，则代表着"一朵花"的价值。

3.4 | 影响力变大、可选项增多的窗户的历史

各种各样的东西通过窗户在室内外进进出出。如果能汲取窗户的精华，打造出"一朵花"的效果，这是理想状态，但并不容易实现。通过窗户出

入室内的要素见表1，大致可以分为能源、物质和物体、信息三种。当然，仅仅在墙壁上打个洞，是无法控制这些要素进出的，所以需要想各种办法。

[表1] 出入窗口的要素

分类	具体要素
能源	光、热、声音
物质、物体	空气、粉尘、花粉、细菌、生物等
信息	视觉、听觉、嗅觉等

日本窗户的历史体现了单独控制这些进出窗户要素的进程，人们积累了各种各样的手段，也制造出了各种窗户。话说回来，大家听说过日本的窗户在过去叫"间户"吗？过去，日本建筑用的是将柱子和梁之间用小的墙和纸拉门等填埋的结构方法。从平安时代的寝殿造来看，外围可以看到蔀户等悬挂形式的间户（图2）。所谓的蔀户，是指安装在门框或窗框上的活页板，如果想采光，可以打开，这时候屋里光线就和外面一样；如果在刮大风时关上蔀户的话，那么即使是白天屋里也会非常昏暗。虽然也搭配使用了能适度遮住视线的帘子等，但是当时的间户只有两个状态，全开或全关，如果选择了改善表1中的某一个要素来提高舒适性，其他的也会相应发生变化，结果就是有得必有失。

之后，到了镰仓时代，书院造的柱子从圆柱变成了棱柱，鸭居和门槛等构造更加容易制作，这时候产生了推拉门。这也给外面的蔀户带来了变化，从只能全开或全闭，变成了可以调整打开范围的推拉式舞良门（图3的板门部分）。更重要的是纸拉门窗的登场。想要采光，又想要遮挡寒风，纸拉门窗均可实现。从表1中要素的联动性来看，只有光是独立的，与其他要素不相关，其他要素之间都相互关联。

之后，纸拉门窗在安土桃山时代成为数寄屋造（又称书院造的发展形，也被称为数寄屋风书院造），在茶室的灯光演绎下，更加重视采光，就不能将整个面作为拉门，从而进化出了低腰拉门和无腰拉门等。为了能有更多采光，间户的高度也在不断调整。所以人们掌握了控制室内光线的方法。这一潮流延续到了江户时代，在创意上也更加多样。顺便说一下，第1部分介绍的"SAKURA GALLERY　山樱东京分店"（P4）的手法与这个时代的相通。

进入明治时代后，随着文明开化，玻璃门出现，人们的选择也发生了变化。玻璃门让人可以在关闭门窗的状态下欣赏到景色，实现了对表1中视觉要素的单独控制。

在日本特有门窗的进化中，推拉门和玻璃并重，比如，有中间镶有玻璃的竖型拉门和雪见拉门

[图3] 舞良门和纸拉门（慈照寺东求堂）

[图2] 法隆寺圣灵院的半蔀
蔀户的上半部分可以向上打开，下半固定部分可以取下来

等，可以看到庭院景色。与借景手法一样，为了让风景看起来最美，调整视线和窗户的位置，这也是现在普遍用来提高室内人员舒适性的方法。虽然形状不同，但"Peptile Dream 总公司·研究所"（P8）将视线引导到特定方向，以便让人们看到特定景色的方法，与此有相通之处。

另一方面，随着西洋化进程，整个窗户变成了玻璃，窗帘的使用也更加普及。玻璃让日照入射量比以往更多，但窗帘则可起到阻挡作用。到这个时代，以前那种开放的间户已经很少能看到了，窗户的形式也是现代风格的。

3.5 | 玻璃的进化

自从封堵窗户的材料变成玻璃之后，日本的独特性就变淡了。随着材料的进化，材料的可选项也不断增加。很多办公大楼会使用幕墙（光和视觉环境也会远远超过以前的门窗，开放性也更加明显），玻璃不耐热的影响也很大。为了解决这个问题，人们开发了双重窗框、热射线吸收玻璃、热射线反射玻璃、Low-E 玻璃等，在玻璃的技术开发方面取得了很大的进步。这是对表 1 中热要素的单独控制，既可以保持透视性，还能提高热性能，让人感受到玻璃带来的可向外眺望的价值。

另外，专栏 03-01 中也有很多这样的选择，让人感受到并没有与室外隔断，还有隐约可见的透明感。这是视线控制的一个方法。人们还在不断开发电力控制的智能化玻璃技术。专栏 04-01（P103）的调光玻璃就是其中一种，可以维持视野，在保持透明性的同时只降低透光率，但也有使透光性发生变化的玻璃，比如公共厕所的透明玻璃墙，没人时可以清楚地从外面看到内部，但如果里面有人，玻璃颜色就会变白浊，并且从外面看不清内部。除此之外，还有专栏 03-02 "利用窗户的媒体立面"等。白天透明的玻璃可以保证室内人员的视野，夜

专栏 03-01

透光·不透视的视线控制

有的产品采用玻璃板和双层玻璃来采光并控制视线。

①和②是磨砂玻璃板，③是在玻璃板的一侧进行表面加工，④～⑦通过变更玻璃的中间材料，以可见光透光率（T_v）的变化来调整透视性（⑦还使用了特殊金属膜进行加工的玻璃）。无论哪一种，都会使入射光发生漫反射，既可以透光，还可以遮挡视线，表面有花纹的④等也能提高室内装饰效果。

玻璃板和双层玻璃的区别在于，在其中一面进行了表面加工的①～③玻璃，由于水附着在玻璃表面时会增加透视性，所以需要注意安装的方向；而双层玻璃，不需要考虑水附着到玻璃表面等对透视性的影响。另外，照片是在玻璃前后亮度相同的情况下拍摄的。

（加藤未佳）

无玻璃	①磨砂玻璃板 3mm	②磨砂玻璃板 5mm	③平板玻璃 2mm
T_v: 100.0%、R_v: 0.0%	T_v: 90.4%、R_v: 8.1%	T_v: 89.5%、R_v: 8.0%	T_v: 90.9%、R_v: 8.2%
④双层玻璃 3mm+3mm	⑤双层玻璃 3mm+3mm	⑥双层玻璃 3mm+3mm	⑦双层玻璃（金属膜加工）
T_v: 82.4%、R_v: 15.4%	T_v: 67.4%、R_v: 24.8%	T_v: 23.9%、R_v: 66.0%	T_v: 31.4%、R_v: 18.7%

※T_v: 可见光透光率，R_v: 可见光反射率（室外侧入射）

利用窗户的媒体立面

建筑立面是建筑物中最显眼的地方。近几年来，建筑立面也需要具备宣传（电子屏）功能。除此之外，作为建筑物的开口部，还得有不妨碍视野、开放、防风、节能等重要功能。因此有人提出了一种既能保证窗户的基本性能，又能赋予立面以彩色视频效果的方法。

这种媒体立面，白天可以作为普通的玻璃来使用，晚上用作电子展板，能展现昼夜不同的景观。

（平岛重敏）

图1　透明玻璃和展板昼夜切换（AGC 提供）

间可以用作放映影像的大屏幕，还能遮挡外部的视线。不过，还有和舒适性无关的问题，比如，建筑物的数字标牌等发光介质在白天使用的话，需要相当高的亮度，不够环保。但是，如果将大屏幕常设在立面上，那么大屏幕关闭时会变成黑色画面，又不得不开灯，结果又必须使用高亮度的照明。甚至有的案例中，还可能因为设计师没有根据环境的亮度来调整发光亮度，或者就想让自己的这个建筑最醒目，所以即便是夜间也采用最高亮度的照明，结果，夜间产生过剩的眩光、无用地消耗能源、使光害问题恶化，形成了恶性连锁反应。从这种情况来看，像媒体立面那样在白天和夜间分别发挥立面不同作用的思路是合理的。

而且，虽然和光照、视觉环境没有直接关系，但是随着玻璃技术的发展，建筑形态也变得更加自由。例如专栏 03-03 中的三维曲面立面（P91），支持曲线的技术有所提高，计算机 3D 设计在建筑设计方面发挥着更大作用。在使用曲线的时候，需要注意第 4 章中提到的日光造成的光害等，不过，到现在为止，由几何形状连接的无机城市今后可能会进化成有机城市。

3.6 | 利用光的变化

光透过窗户所产生的变化，刺激视觉以外的感观。

比如专栏 03-04（P92）中的水幕玻璃窗，玻璃上流动着水，映在室内，室内人员可以发挥想象力，想象时间的流逝、水带来的清凉感等。以前，由于设计的目标都是"Comfort（舒适性）"，日光导入装置一直致力于如何稳定地吸收光线这一点上，但是如专栏 04-01 "利用日光变动的采光装置"（P103）所述，近年来，利用光在时间和空间上的变动可以营造出"Plaeasanteness（愉悦感）"。

"东京大学 综合图书馆分馆"（P20）就是其中一个案例。因为选择了保留地上景观（遗迹）的价值，所以将建筑建到地下，留下了喷泉。从用途上考虑，本来喷泉和地下空间是两个毫无交集的地方，现在将喷泉做成天窗，把喷泉和地下室空间连接起来，这一设计超出了一般人的想象。虽然用人工照明就可以实现功能方面的目的，但在天窗上投影出水的摇曳，能刺激人们的感官，促进积极交流和讨论，让人重新认识"一朵花"的价值。

3.7 | 以窗户为媒介向外部传达的信息

前面我们从室内人员的角度出发，叙述了进出窗户的要素，除此之外，我们还能够通过窗户向外部传达一些信息。比如说，到了圣诞节、万圣节等节日，我们能看到街道一侧窗户上装饰的花等。此外，随着新型冠状病毒感染患者的增加，在 2020 年 4 月 7 日至 5 月 25 日，日本紧急事态宣言发布之际，宫崎市喜来登顶级海洋度假酒店通过图 4 中的窗灯，向市民传达了团结和希望。这些都是基于利他思想的行为。建筑是街道的一部分，因此设计师不仅要考虑建筑里面的人，也要考虑如何给外部带来正能量。从这个意义上来说，窗户将内外连接起来，为街道的景观做出了贡献，给人造建筑物连接的街道注入了生命。

上述虽说是特殊事例，但一般建筑夜间的漏光也有同样的意义。将人的气息渗透到街道，可以给人带来安心感。"柏田中医院"（P30）位于车站前

[图4] 通过窗灯传达信息

面，温柔地迎接从车站下车的人，使人们的归家路上散发着温柔的光芒。从建筑中漏出的光大多是从垂直面方向照射的，比路面的光更容易照亮行人的脸庞和身体。这也有助于行人之间互相识别，从安全角度看也很有意义。

3.8 | 自由的窗户

但是，室内有些信息我们是不希望扩散到窗外的，比如隐私等。所以如果相邻建筑物窗户的位置一样，两个建筑物室内的人视线就会交汇，那么双方可能都会选择默默关上百叶窗，甚至就让百叶窗一直保持关闭，不再打开。这种情况下，窗户的存在毫无意义。

当然，充分解读周围环境，利用窗户的位置和路线，如"SAKURA GALLERY 山樱东京分店"（P4）中的那样，可以适当地遮住来自外部的视线。但是有时在建筑物密集的地方，根本无法安装窗户，也可以像专栏 03-05 中的天窗照明（P94）那样使用再现天空的模拟窗。在展现云彩流动、色温变化的同时，利用声音等创造出虚拟现实，即使

专栏 03-03

兼顾光照环境和设计感的三维曲面立面

随着电脑技术的运用，近年来结构体和立面的设计愈加多样化，曲面玻璃建筑也在增加。三维曲面玻璃幕墙成为现实，材料加工和施工技术同样在不断发展。构建三维曲面玻璃立面时，有分别通过热弯工艺制成曲面玻璃和铝制框架的方法（进口国外生产的部件、在国内组装的施工方法），也有在建筑现场慢慢弯曲单元幕墙的方法（冷弯法）。冷弯法是固定四边形单元幕墙的 3 个顶点，强制将另外 1 个顶点向表面外侧拉伸，稍加扭转，使其连续，形成三维动态曲面。这个施工事先考虑了因部件变形而产生

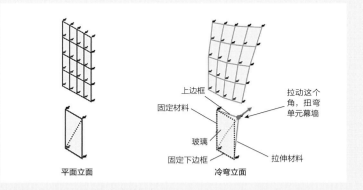

图1 平面立面和冷弯立面的比较概念
https://www.obayashi.co.jp/news/detail/news20190618_1.html

的长期应力、风荷载、地震荷载，还考虑了由日射产生的短期应力等因素。通过灵活利用这些施工技术，可以在日照利用和热负荷之间

达到一个平衡，实现良好的环境性能和设计感相结合的立面设计，并落地成实际的建筑。

（小岛义包）

利用水流的环保装置　水幕玻璃窗

在环保建筑中，高窗等可以实现自然采光，烟囱效果能够实现自然换气，二者组合打造了中庭空间，而水幕玻璃窗通过向自然采光窗冲水，可以降低夏季炎热的窗户表面温度。这是一种环保装置，旨在将日照入射的光变柔和后引到建筑物内。

水（水源是雨水）从上部流下，降低玻璃表面温度，减轻水流本身带来的热和日射。由于窗户朝南，所以在太阳高度很高的夏季，11 点到 14 点都会流水。

为了确认水流对自然采光（包括直射日光）的影响，将建筑物内采光窗正下方的照度除以建筑物屋顶的全天照度，比较水幕玻璃窗运行前后的值（包括直射日光的日光

图 1　从室内看水流

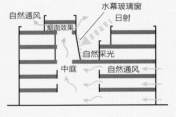

图 2　截面

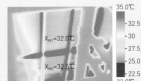

流水前的热图像

流水后的热图像

图 3　热图像的比较

率）。虽然有水流，但可见光的透光率没有产生较大差异，从而确认了这个水流装置对自然采光的影响很小。而且水流也能作用于视觉和听觉，在夏日营造出清凉的氛围感。

（山崎弘明）

（云南市政府新政府大楼，设计：日本设计）

人们知道那是模拟窗，它的存在也可能会变成一朵花，发挥特有的价值。

另一方面，还有其他与模拟窗相关的产品。大家是不是都知道哆啦 A 梦的秘密道具之一"窗户风景变换机[3]"呢？这个道具把从其他家的窗户或交通工具的窗户看到的景色映在附近的窗户上，让人在家里能够享受到各个地方的景色。图 5 所示的"Atmoph Window2"是模仿了"窗户风景变换机"的模拟窗，其实就是与高分辨率的影像联动，可以播放声音的显示器，而且能够播放的不仅是事先准备好的动态图像，也能实时传输，放映出各个国家的实时影像，掌握人脸的位置，追踪风景变化等。这些技术追求真实感（有时也会超越现实），探究未来进化的可能性，十分有趣。总有一天，超越空间和时间、共享体验会在人与人之间建立新型连接。例如，一个人去外地工作，与家人分开生活，如果有这样的显示器，就可以和家人同时观看烟花

（虽然很难称之为实际体验），孙子也可以超越时间一起体验祖父母曾经历过的幼年时期的景色。另外，虽然角度稍有不同，但比如在医院里，如果能让临终的人看到家里熟悉的风景、故乡的景色、回忆之地的样子，也是一件充满人文关怀的事情。

DoCoMo 发 表 了 6G 白 皮 书[5]，阐 述 NTT

［图 5］模拟窗"Atmoph Window2"的图像

DoCoMo 对 6G 的遐想，预计 8K 以上的高清晰影像、全息图、触觉等新的五感通信等技术的普及，会比哆啦 A 梦诞生的 2112 年更早实现"窗户风景转换机"，预期 2030 年 6G 技术能够实现商用化。

3.9 | 果然还是需要真实的窗户

随着技术的进步，窗户的可能性也会变多，但有时人们也会无意识地考虑各种非日常的事情。请大家稍微回忆一下。

比如，2011 年 3 月发生东日本大地震之后，据东北电力株式会社称，东日本大地震当天最多约有 466 万户（仅在东北电力圈内）家庭停电（图 6）[4]。电力在地震发生 3 天后约 80% 恢复，8 天后约 94% 恢复，相比受灾情况来看这恢复速度是很快的，但是报告显示，全部住户恢复电力得到 6 月中旬。并且，根据对仙台市居住者的网络问卷调查结果，99% 的回答者认为东日本大地震时停电无法使用的设备是"照明"。

在东京电力管辖范围内，电力供不应求，3 月 14—28 日，电力供应吃紧，政府计划停电。虽然市民们事先知道会停电，但那些用电的空间和系统无法再工作，整个情况非常混乱。而且，这个经历让我们思考，有了人工照明真的就不需要窗户了吗？有窗户的空间可以获得采光，至少能够维持白天的活动，所以通过这次事情，估计很多人切实感受到了窗户的重要性。考虑电力恢复，推进蓄电和自家发电是有必要的，但是更根本的观点是希望大家重新认识到窗户的重要地位。

3.10 | 影响窗户选型的指标

在此之前，我们介绍了用窗户来控制出入要素等，此处也为大家介绍一下设计的判断基准，即指标。

首先，前文所述《建筑基准法》第 28 条（通称采光规定）就是针对采光而制定的法律，但说的并不是光量，而是通过地板面积的有效采光面积，来决定窗户的大小。另外，根据用途（住宅、学校、医院等）的不同，相应的规定值在 1/5～1/10 之间。实际上，如果从采光角度认为这个值足够的话，其实并非如此。在 AIJES-L001-2010[6] 中，根据宗方等人进行的开口率和采光满意度的调查（图 7），适用于住宅的开口率在 1/7（0.14）的情况下，用户主观不满率超过 3 成，要想满意率达到 8 成以上需要开口率达到 0.7 以上。看了这个数据，虽然我认为目标值必须定得比基准值高，但正是因为这个法律，窗户的大小在某种程度上是确定了的，往好了想就是窗户不会被设计得比基准值小，这也有助于增加视野和开放感。因此，这条法律是非常重要的。

而另一方面，在日本，办公室不适用《建筑基准法》第 28 条的采光规定，所以窗户不是必需的。那么，以下指标在一定程度上能够帮助设置窗户的规格。

首先，DF（Daylight Factor：采光系数）这个概念应该有很多人听过吧。AIJES-L001 根据行为和房间用途给出了 DF 推荐值。考虑日本的天空条

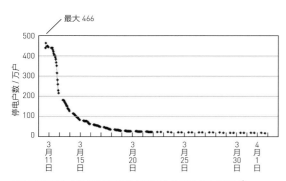

[图 6] 东日本大地震时东北电力范围内的电力恢复情况[5]

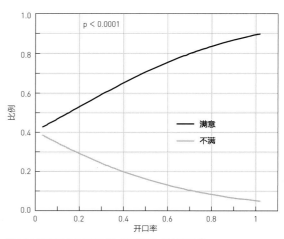

[图 7] 住宅居室的开口率与采光满意度的关系[6]

空间演绎系统"天窗照明"

为了让空间更为舒适，人们开发出利用"天窗照明"的空间演绎系统。如果使用这个系统，即使是在地下等没有窗户和自然光的地方，也能创造出一个让人感到与外界相连的开放空间，既有活力又能让人放松。其特点是将该系统埋入天花板内，让人感觉到类似天窗的存在。该系统能够表现出蓝天和流云，在不同时间段可以改变照明的颜色和显示的内容。

除了天空以外，还有水面、竹林、鲨鱼、河流等丰富的影像内容可供选择。除此之外，还可以与聚光灯型投影机、带扬声器的背光灯等组合使用，实现多感官的综合性体验，甚至可以并排设置多台照明来联动。

这种系统适用于办公室、医院、地下街等没有外部光线的封闭性公共空间。

这里为大家介绍包括天窗照明在内的一般照明（无窗空间）、使用真实的窗户进行的实证实验。

实验概要如下。

- 开口部的尺寸在 3 个条件下均为 800mm×800mm。
- 真实窗户是能看到自然风景的普通窗户。

天窗照明的外观

实验中使用的 3 种窗户

一般照明

天窗照明

真实窗户（真窗）

采用天窗照明的实例　晴天白天成为海底

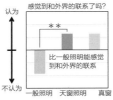
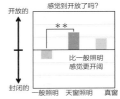
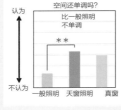
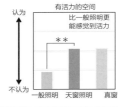
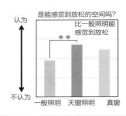

- 实验对象为 20 多岁的男女共 18 人。
- 进入房间 1 分钟后，请实验对象回答对该空间的印象。

结果是，设置了天窗照明的空间与一般照明的空间相比：

- 能感到与外界的联系
- 感觉很开阔
- 空间不再单调
- 有活力
- 有放松感

（向 健二）

件，虽然基准采光系数的全天空亮度是 1500lx，但是由于这些数值都是基于标准全阴天空的，所以没有考虑具体方位和天气。另外，这个值仅限于评价各视觉作业点的瞬时值。

在美国，有人认为日光照明环境的年度评价指标可以用 sDA（Spatial Daylight Autonomy）和 ASE（Annual Sunlight Exposure），建筑物环境评价制度 LEED 和前文所述的 WELL 认证也常被使用。DA（Daylight Autonomy，例如，DA_{300} 的意思是每年在房间的几成时间可以通过白天的日照获得 300lx 照度）是基础，DA 比 DF 更进步一些，因为 DF 只是评价一个瞬间值，而 DA 是对整个年度的状况做评价。sDA 是指满足 DA 的空间面积率（例如，如果是 $sDA_{300}/50\%$，则表示满足 DA_{300} 在 50% 以上区域的面积率），将评价视角扩展到了空间。评价对象范围虽然会阶段性地有所不同，但基本上都是评价日光被吸收了多少的指标。另一方面，ASE 是评价过剩日光的指标（例如，如果是 $ASE1000/250$，则表示每年照度为 1000lx 的时间在 250 小时以上区域的面积率），通过同时使用 sDA 和 ASE，可以判断日光的量是否适当。

关于 LEED 和 WELL 认证中规定的值，有报告称日本的大开间办公室等纵深空间很难做到[7]，虽然目标值要怎么定还存在尚未解决的问题，但其评价方法值得我们思考。为了满足视觉作业这一功能，其实并不需要区分照明是日照还是人工照明，只需确定视觉作业面的照度是否足够就可以了，但评价方法是一定要给出日照的光量的，这一点很有意思。期待今后能提出符合日本实际情况的目标值。

3.11 | 根据不同用途推荐不同窗户

前面我们从几个方面介绍了窗户。由于窗户的价值是多种多样的，不是说满足某个方面，或者计算出某个值就够了，设计师的想法不能太过狭隘，需要磨炼平衡感，摸索真正符合需求的窗户。

但是，细心的读者会发现，本章想要传达的思想是经由窗户进出的要素在某种程度上是可以单独控制的，所以，只要分别选择可以满足各自需求的窗户就可以了。比如说，如果某个窗户的目标是通

风，那就没有必要考虑从窗户向外看到的风景如何；如果是用来采光的窗户，那么就要考虑视野是否开阔。相反，有时候既想要看风景，又不想要外面的噪音，这时可以把不同功能的窗户区分开来（说起来，原本就是因为要用一个窗户来满足所有功能，所以就会发生刚开始介绍的那种情况，陷入"是选择热还是选择光"之类的二选一讨论）。第 1 部分的"大林组技术研究所技术站"（P12）就是一个很好的例子。

精心设计每一个要素，一时费些功夫，长远来看更有意义。请务必想着使用人的笑脸，养好一朵花吧。

（加藤未佳·伊藤大辅）

参考文献

1）シェラトン・グランデ・オーシャンリゾート HP（https://seagaia.co.jp/article/682（2020）

2）小林茂雄、海野宏樹、中村芳樹：夜間商店街における店舗からの漏れ光と安心感、人間・環境学会誌 6 巻 1 号、pp.1-8（2000）

3）ドラえもん 19 巻 ひみつ道具 392

4）株式会社 NTT ドコモ：5G の高度化と 6G（2020）

5）経済産業省：原子力安全・保安部会電力安全小委員会：電気設備地震対策ワーキンググループ報告書（2012）

6）日本建築学会環境基準　AIJES-L001-2010　室内光環境・視環境に関する窓・開口部の設計・維持管理規準・同解説、日本建築学会

7）高安結子，三木保弘，山口秀樹，吉澤望：昼光照明の年間評価指標 sDA/ASE に関する基礎的検討—日本国内の執務空間を対象として—、日本建築学会学術講演梗概集、pp.541-542（2018）

第 4 章

眩光的控制

4.1 | 眩光是什么？

眩光被定义为"在视野内出现高亮度或过大亮度对比而导致的不舒适或降低可见度的现象"[1]，眩光的程度不仅取决于光源的亮度，而且因眼睛的适应状态而不同。即使光源的亮度相同，有时会产生眩光（感到刺眼），有时并不会形成眩光（感觉不到刺眼）。有一个比较极端的例子，在夜间黑暗的环境中，汽车的大灯会很晃眼，但在明亮的白天，同样的灯却不会晃眼（图1）。

在这里，眼睛适应了的亮度被认为是整个视野的平均亮度，在适应亮度低的夜间室外环境，发生眩光的可能性会变大。另一方面，通常室内白天和夜晚都会确保一定程度的亮度（适应亮度），所以眩光的程度会受光源的亮度、光源大小的影响。另外，在正常的室内，如果想防止让人不舒服的眩光（不舒适眩光），则需要创造防止眩光（减能眩光）的条件。本章将以控制不舒适眩光为焦点进行叙述。

人们提出了相当多的"眩光指标"，用来预测不舒适眩光的程度。这些是近100年来积累的研究成果[2]，虽然有些指标至今仍然不够完善，还处于

[图1] 白天大灯不晃眼，在夜晚则让人感到刺眼

理论和实验→实际空间应用→发现问题→进行修正的循环之内，但它们影响了照明本身的变化以及人们的生活方式和工作方式，甚至引发测量和计算技术的进步。因此现实情况是，我们需要高指标，所以必须提高现有指标才能够跟得上现实的需求并且为现实服务。接下来我们会介绍这些指标，以及涉及眩光原理的基础知识。想早点知道如何控制不舒适眩光的读者可以先阅读4.5"眩光评价"，或者4.6"实际空间人工照明的眩光控制"以后，再阅读4.2～4.4指标的概要和背景的理论和问题点。

4.2 | 眩光感的预测

从1910年白炽灯泡被正式发明出来，灯泡对视觉的强烈刺激已经成为一个问题，人们开始对眩光的研究。20世纪40—60年代，以美国、英国等的研究成果为基础，各国对眩光的评价方法的标准和水平不断发展。眩光是由高于眼睛的适应亮度的亮度引起的，所以从研究之初，所有指标都认为光源的大小、适应亮度（适应了视野内光源以外的部分）、光源的位置是主要的变量。

乍看之下，4个变量也不多，似乎很简单，但目前还没有能够满足实际空间所有条件的指标。现在，指标分为"室内照明用""室外照明用""日光照明用"三个类型，如果是半室外空间就很难判断应该用哪个指标，或者需要计算多个指标来综合判断才行。

4.3 | 人工照明的眩光指标

4.3.1 室内照明的指标 UGR

在JIS的"照明基准总则"中[3]，基于"室内统一眩光评价方法"（UGR）[4]，眩光最好不超

过表中所示 UGR 限制值（UGRL）。因此，UGR 是对整个空间的眩光评价，而不是对个别设备的评价。

1. 指标结构（指标值计算方法）

UGR 的全称是 Unified Glare Rating（统一眩光值），Unified（统一）是指针对各个国家不同的评价方法加以规定以后，CIE 制定了统一的基准。根据各光源的亮度、立体角、位置和背景亮度，用公式（1）计算。

$$UGR = 8 \times \log \left(\frac{0.25}{L_b} \times \sum \frac{L^2 \times \omega}{P^2} \right) \quad (1)$$

式中　L_b——背景亮度（cd/m^2）；

L——每个照明设备的发光部分相对于观察者的眼睛方向的亮度（cd/m^2）；

ω——每个照明设备的发光部分相对于观察者的眼睛方向的立体角（sr）；

P——各个照明设备的古斯（Guth）位置指数[5]。显示的是对于偏离视线的光源，为了产生与视线上光源相同的眩光程度，需要几倍的亮度。

2. 指标值和评价

UGR 和眩光程度对应关系见表 1。

[表 1] UGR 和眩光程度

UGR 等级	眩光程度
28	感觉特别不舒适
25	不舒适
22	开始感到不舒适
19	在意
16	开始感到在意
13	有感觉
10	开始有感觉

另外，每个空间的眩光限制值都是规定好了的，以办公室（表 2）、医疗保健设施（表 3）的部分基准为例，普通空间的限制值是 16 "开始感到在意" 或者 19 "在意" 的情况比较多。见表 1，UGR 增加 3，感觉上升 1 级，所以限制值的数值是以 3 为单位增加，不需要使用公式（1）计算到小数点以后的精度。

[表 2] 办公室的照度和眩光限制值[3]

领域、作业或活动的种类	照度 /lx	UGR_L
设计、画图	750	16
键盘操作、计算	500	19
设计室、制图室	750	16
办公室	750	19
董事室	750	16
接待	300	22

[表 3] 医疗保健设施的照度和眩光限制值[3]

领域、作业或活动的种类	照度 /lx	UGR_L
诊察室	500	19
急救室、医疗处理室	1000	19
手术室	1000	19
病房	100	19

4.3.2　室外、运动照明的指标 GR

在 JIS 的照明基准总则中，室外照明建筑的眩光评价使用 GR[3]。据说这个也可以用于室内运动照明的眩光评价[6]。GR 与 UGR 不同，用了光幕亮度这一概念。光幕亮度在第 2 章（P83）中也有介绍，指的是高亮度的光进入眼睛发生折射、散射并在眼球内形成的大致均匀的亮度。GR 假设视线从水平向下 2°时，用来自光源和周围视野的光幕亮度之比来计算 GR 值。

4.4 ｜ 日光照明的眩光指标

4.4.1　与人工照明的不同

1. 通过光源大小来提高适应亮度

人工照明的眩光计算公式考虑了各个光源的影响（公式中的 Σ）。如果能够加上多个光源的影响，将大的光源看作多个小光源的集合，那么也可以计算大光源的眩光。但是，光源的大小是有限度的，在 UGR 的基础实验中用的是立体角 $2.7 \times 10^{-4} \sim 2.7 \times 10^{-2} sr$ 范围的光源，相当于 "在约 6m 的距离观看边长为 10cm 的正方形发光面的照明灯具的大小"～"以 0.6m 的距离观看同一灯具时的大小"。

小光源（照明灯具）的公式不能适用于大光源（窗）的理由之一是，光源变大后，视野内光源的影响变大，本来假设的是 "适应亮度＝背景亮度"，结果会变为"适应亮度＞背景亮度"。

2. 对比效果和总量效果

来自小光源的不舒适眩光程度可以通过光源亮度与适应亮度的比来表示，但是大光源也会发生因适应亮度本身过高而引起的晃眼。在这种情况下，背景亮度越高眩光的程度越高，这与小光源的影响正好相反。不舒适眩光是由眩光与适应亮度的比引发的，因此由适应亮度过高而产生的不舒适感不会被分到眩光类别，也许应该称之为"过于明亮"，但仅凭感觉很难辨别这两种情况。另外，霍普金森（Hopkinson）[7]不认为这些是眩光，而是称之为"对比效应（contrast effect）"和"饱和效应（saturation effect）"，前者的例子是前述夜路汽车大灯，后者的例子是雪原。"饱和效应"指视觉反应机制的饱和度，但即使不饱和也会因总量而发生反应，所以有时会被认为是"总量效应"。

来自窗口的不舒适眩光根据光源的大小和光源周围的亮度，有对比效应（背景亮度增加的话不舒适眩光感就会减少）和总量效应（背景亮度增加的话不舒适眩光感也会增加），或者两者兼有。接下来会在考虑这些影响的基础上，来介绍现在的指标。

4.4.2 日光眩光的主要指标

在日光眩光的计算公式中，以日本人的数据为基础开发的PGSV[8]经常被用在欧洲开发的用亮度分布数据来计算的免费软件DGP[9]中（使用了4个大陆6个国家1000条以上的数据比较22种眩光指标的结果，最能预测眩光感的是DGP，但以日本人为实验对象的报告显示PGSV是最适合的指标[10]）。

这里为大家介绍DGP和PGSV这两个指标。

在上述比较研究中，我们讨论了各个指标的优势，但实际上我们设想了两个指标完全不同的状态。PGSV是在将视线从桌上转移到窗户后的状态下进行的评价，视点落在窗面。而与此相对，DGP是在单间办公室进行VDT作业期间发生的眩光，在视野内有窗户但视点是在VDT上的状态下进行的眩光评价。可以看出，两个指标是分别评价不同状况的，所以在选择指标时最好确认自己想要评价的是怎样的状况，再选择合适的指标。

1. PGSV[8]、[11]

（1）指标的结构（指标值计算方法）

通常背景亮度越高不舒适眩光的程度越小，而光源越大背景亮度的影响越小。PGSV（Predicted Glare Sensation Vote，预测眩光感觉）将背景亮度的系数作为光源立体角的函数，考虑了由光源的大小引发的对背景的影响。PGSV实验的立体角范围为0.021～0.97sr，公式如下。

$$PGSV = 3.2 \log L_s + (0.79 \log \omega + 0.61) \log L_b - 0.64 \log \omega - 8.2 \tag{2}$$

式中　L_s——光源亮度（cd/m²）；

　　　L_b——背景亮度（cd/m²）；

　　　ω——光源的立体角（sr）。

关于总量眩光，提出如下方案[11]。

$$PGSV_{sat} = \frac{A_1 - A_2}{1 + (L_a / L_0)^p} + A_2 \tag{3}$$

式中　$A_1 = -0.57$，$A_2 = 3.5$，$L_0 = 1270$，$p = 1.7$；

　　　L_a——视野内的平均亮度（cd/m²）。

（2）指示值与评价

PGSV值和眩光的程度对应见表4。

[表4]

PGSV值	眩光的程度
3	开始感觉特别不舒适
2	开始感到不舒适
1	开始在意
0	开始有感觉

PGSV的概念是眩光程度（感觉）和各空间中对眩光的容许程度（评价）不同[9]。例如，办公室的PGSV值与不满意率（非容许率）关系如图2所示。不满意人员占10%的情况是PGSV=0.9，20%的是PGSV=1.2。若在开放性办公室中用PGSV评价，则用来表示在座人员的不满意率，所以要么研究不满意率最高的座位位置，或者讨论空间整体的不满意率的分布。另外，对于其他空间，由于没有规定限制值，所以考虑视线因空间和用途而移动到窗户的频度，再决定是否使用PGSV即可。

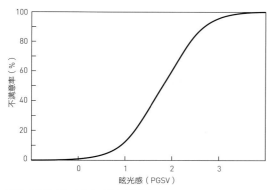

[图2] 眩光感和办公室中的不满意率

[图3] DGP的评估对象（DGP计算的实验现场）

2. DGP[9)]

（1）指标的结构（指标值计算方法）

DGP（Daylight Glare Probability）[9)] 最初是用来预测数码照相机的亮度图像的不舒适眩光的。在单间办公室的实验中使用了以下公式。

$$DGP = C_1 \cdot E_v + C_2 \cdot \log \left(1 + \sum \frac{L_{si}^2 \cdot \omega_{si}}{E_v^{C_4} \cdot P_i^2} \right) + C_3$$

（4）

式中　$C_1 = 5.87 \times 10^{-5}$，$C_2 = 9.81 \times 10^{-2}$；

$C_3 = 0.16$，$C_4 = 1.87$；

E_v——眼睛位置的垂直面照度；

L_s——光源亮度（cd/m^2）；

ω——从观察者的眼睛位置看发光部分的立体角（sr）；

P——各位置的谷斯位置指数。

第1项的眼睛位置垂直面照度表示总量效果，但由于不是反比关系，所以垂直面照度越高影响越大。第2项基本上是和UGR同样的对比方式，也使用了位置指数。导出DGP的实验是在图3所示的单间办公室中完成的，由于窗面的立体角比较大（DGP的实验是 $0.96 \sim 4.21sr$），所以总量效果（第1项）有变大的倾向。

DGP没有规定哪个部位是光源，而是决定了可以区分光源和背景的阈值，将亮度在阈值以上的部分作为光源，将亮度在阈值以下的部分作为背景，阈值的决定方法可以从以下情况中选择。

① 确定的合适亮度；

② 视野范围内平均亮度 x 倍的亮度；

③ 工作区域亮度 x 倍的亮度。

在这种的情况下，工作区域是显示器、桌面或二者的组合。

图4的例子是提取的光源部分。根据阈值取法不同，所提取的光源也不同。在导出DGP公式时使用的是视野范围内平均亮度的4倍，但报告认为③才是能够符合更多条件范围的方法[12)]。

视野内平均亮度的5倍　阈值为2000cd/m²　工作（●部分）亮度的
无光源部分　　　　　天空与桌角　　　　5倍
　　　　　　　　　　　　　　　　　　　部分天空和桌角

[图4] 光源的提取[12)]（根据参考文献12将彩色显示转为黑白显示）

（2）指标值和评价

DGP取 $0 \sim 1$ 的值，对应"Percentage of Distrumberd Person（认为有问题的人的比例）"。在办公室里，"最佳环境"被认为是 $DGP \leq 0.35$，"良好环境"被认为是 $DGP \leq 0.4$，基本上适合VDT的设定，但并没有明确是否适用于办公室以外的空间[13)]。

4.5 | 眩光评价

4.5.1 眩光评价的过程

实际空间的眩光控制如图5所示，从测量或预测的主要变量来计算眩光指标，并改变与主要变量或限制值相关联的条件，以使眩光指标低于限制值。

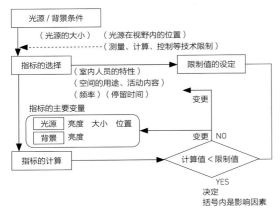

[图 5]眩光评价 / 控制顺序

4.5.2 指标的选择

人工照明目前使用 UGR 评价。基本上，UGR 设定了像普通办公室里那样均匀的天花板照明状态。在位于视线下方的照明和天花板照明这样的大光源下，是不能直接使用 UGR 的。另外，在能看到 LED 颗粒的发光表面亮度分布不均匀的情况下，需要进行修正[14]。

如果是日光，根据光源的大小来选择。如果光源在 1.0sr 以下，则是对比效应，那么就用 PGSV 评价；如果比 1.0sr 大，则是总量效应，因此用 DGP 或 PGSV$_{sat}$ 来评价是适合的。另外，如果视点不在光源上而是在工作面上（不看窗户），则适合用 DGP。此外，在 4.5.5 中我们介绍了在测量和控制技术上有限制的情况下如何选择指标。

4.5.3 限制值的设定

计算出的指标在该空间是否适用，其限制值因各空间用途、工作内容而异。当然还有室内人员的因素。据说日本人和欧美人对不舒适眩光的感觉不同，因为虹膜的颜色不同，而且文化、习惯也有差异。在第 2 章中我们也提到了，随着年龄的增长眼睛状态在变化，所以对不舒适眩光的感觉也不同，白内障会让人对眩光更敏感、感觉更加不舒服。另外，在眼内插入透镜和激光等手术，也有可能导致感到眩光的频率增加。在决定限制值时我们需要通盘考虑这些因素。

在日光眩光中，需要考虑日光的变动（超过限制值的眩光的出现频率）以及室内人员的视线方向

（视线朝向窗面等的频率）来决定限制值。而且令人不舒适的眩光并不是追求明暗感觉上的"恰到好处"，而是越低越好，所以针对日光产生的眩光，如果不用日照采光就可以完全解决。然而，考虑眩光与日光照明诸多优点之间的平衡，所以我们无法完全消除眩光，而是在眩光限制值和日照中间寻找一个平衡点。

4.5.4 指标的主要变量的计算

1. 亮度——图像测光

眩光的评价需要测量亮度，但实际空间的亮度分布很复杂，用光点亮度计无法测量。在这为大家介绍一种用数码照相机测量多点亮度的方法，被称为图像测光。图像测光系统（图 6）是由许多研究机构和企业开发应用的。使用曝光不同的多张图像制作 HDR 图像，事先求出 HDR 图像的眩光值和亮度的关系，将各像素的眩光值变换为亮度。或者，也可以将各图像的眩光值转换为亮度后进行合成。

另外，也有的方法是用光点亮度计测定图像中的一点，作为校正用的亮度。还有制作 HDR 图像的软件，根据不同照相机的种类，使用免费或者收费的软件将 HDR 图像制作成亮度图像。

由于各图像测光系统的规格和测定精度不同，所以在选择的时候，必须保证测量精度和可靠性。一般来说，高分辨率可以测量高精度的亮度分布。分辨率由所用镜头的视角与像素数之间的关系来决定。如果是想用鱼眼镜头测量整个视野，1 像素（Pixel）的视角很大，无法捕捉到细小的亮度。虽然很难像光点亮度计那样显示微小精度和误差范围，但至少也是能记录分辨率（像素数 / 视角，单

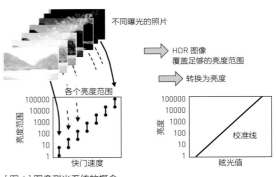

[图 6]图像测光系统的概念

位是 Pixel/deg，或者有时以该倒数表示）的。

另外，使用鱼眼镜头必须考虑周围的减光。因为这点因镜头而不同，所以需要事先拍摄有亮度的物体来确认。

2. 立体角和位置——鱼眼镜头的投影方式

图像的数据不仅包含亮度，还包含位置和大小信息。眩光是对整个视野的评价，所以使用鱼眼镜头会更方便。但是，由于鱼眼镜头是 $180°$ 的视角，所以分辨率低，对于细小亮度分布的测量精度也低。在评价人工照明时，如果光源小（或远），或者仅视点和视点周围很重要其他的都不重要，或者在能够确定眩光光源等情况下，对亮度精度的要求比较高，此时我们想看的并不是视野的大小，所以使用普通镜头拍摄视野整体的照片即可。

另外，还必须注意鱼眼镜头的投影方式，1 像素立体角的大小和投影位置是不同的。通常使用的是等距离投影或等立体角投影。等距离投影如图 7 所示，而等立体角投影中图像 1 像素的立体角与位置无关，都是相等的。想要了解投影方式和转换方法可以参考相关书籍 [15]、[16]。

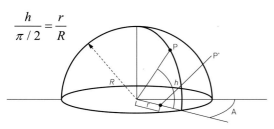

[图 7] 等距离投影

4.5.5 眩光指标的计算

1. 制作软件、程序

如果测量和模拟结果中都有亮度分布数据，可以使用眩光计算软件。Evalgllare 是根据视野（基本是半球形、等距离投影）的亮度分布来计算各种眩光指标的免费软件，可以设定如 4.4.2 DGP 部分所述光源和背景的亮度的阈值等。除了 DGP、UGR、PGSV 等指标之外，还可以计算光源的平均亮度、光源的立体角、背景的平均亮度等。

如果是自己编程序，如 4.4.2 的 DGP 所示，先用任意一种方法来区分光源和背景。而光源部

分，将各像素视为指标公式中的各光源，求出像素的亮度、位置、位置指数（如果用的是 PGSV 则不需要这些）并相加即可。

2. 简易计算

如果没有亮度图像，或者在模拟中无法计算亮度分布，可以使用以下方法。

假如用的是人工照明，那么测量来自发光面的视线方向的亮度，以及作为背景的代表部分的亮度，求出各发光部的大小和位置，之后计算 UGR。

如果是日光照明，PGSV 可以根据窗面的平均亮度、立体角、背景的平均亮度来计算。总量眩光的 $PGSV_{sat}$ 和 DGP 可以根据眼睛位置的垂直面照度 E_v 计算出来。在 $PGSV_{sat}$ 中，以公式（3）求出视野内平均亮度 $L_a=E_v/\pi$，DGP 可以使用 DGP_s [17] 作为简化版 DGP。

$$DGP_s = 6.22 \times 10 - 5\, E_v + 0.184 \quad (5)$$

4.5.6 为了满足限制值而改变设计和控制

如图 5 所示，将计算出的指标值与 4.5.3 里设定的限制值相比较，超过限制值时，可以改变指标的变量（光源的亮度、大小、位置、背景亮度）。在实际空间中，这些因素相互影响，与确保明亮程度等的其他照明条件也有关联，所以不像数值所示的那样简单。具体的方法将在 4.6、4.7 中进行说明。

4.6 | 实际空间中人工照明的眩光控制

4.6.1 来自光源的光的方向（配光）和视线方向

在人工照明中，灯具自身的配光与眩光有关（图 8），眩光控制通常是通过控制配光来实现的。例如，针对直管型灯具，分别从 $90°$ 视角和平行视角看灯管，从不同的视角来控制发光强度。如图 9 所示，仰视角＝必要的遮光角。$90°$ 视角用到

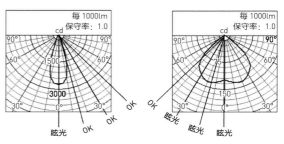

[图 8] 配光和视线方向

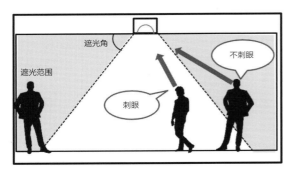

[图9] 配光和视线方向

了罩子，平行视角使用了棱镜。

另外，在下射照明中，通常凭借形状和内部的反射形式来控制眩光。很多灯具是假定遮光角为30°～40°的。

4.6.2 考虑空间用途

眩光指标见表2和表3，根据空间用途的不同，限制值也不尽相同。另外，即使在同一空间内，视线的方向也不同，所以有时也无法假设视线是水平方向。

在人工照明中，通常照明灯具本身就会被设计成不会产生眩光的基础款。

接下来，为大家介绍几种需要特别注意的用途。

（1）医院

在病房里，我们要考虑患者的视线是朝向天花板的。通常在多床位病房里，大多是在房间中央的通道部分设置整体照明灯具，在床周围墙壁上安装单独的照明。无论哪种照明都很有可能进入仰卧在床上的患者的视野，所以病房和普通的办公室、住宅照明不同，既要注意直接眩光，也得留意反射眩光。

另外，患者夜间去厕所时，照亮脚边路线的夜灯需要考虑对其本人和其他患者睡眠的影响，使房间不要整体都亮，只要能看清脚下的路线即可。在这种情况下，背景亮度低，不能让发光面进入眼睛，否则会影响患者本人的睡眠。

考虑这一点，在"顺天堂医院 B 栋"（P38）的病房照明中，是将上下配光的 LED 安装在床头侧壁上，下射光线的发光面是完全看不到的。由于

LED 是高亮度的灯具，所以不让人看到发光面是一种非常体贴的做法。

（2）体育场馆

体育场馆中关于眩光的问题是运动员视线会大幅度移动，光源也会进入视野内。特别是在羽毛球、网球、排球等球类比赛中，视线也会追随着球看向正上方，而正上方通常是照明灯具的发光面亮度最大的方向。在这种情况下，虽然视线的焦点是球，但背景的照明也会同样进入视线内。一般认为运动照明可以使用 GR 指标进行评价，但 GR 适用于视线大致是水平的场合，而不是视线朝向直接光源方向的情况。假如光源会出现在视线内，就需要控制光源亮度和光源大小，但是在体育场馆中，考虑更换照明的工作量，可以使用大型灯和多个灯组合起来的灯具。

利用寿命长、维修频率小的 LED 特性，"津市产业·体育中心·SAORINA 中央体育馆"（P42）体育馆解决了这个问题。通过分散布置光束小的小型照明来减轻眩光。即使灯具光源进入了运动员的视野中，灯具（发光面）的立体角也很小，因此能够减轻眩光。每台灯具的照射面积小，遮光角大，所以可以减少运动员的眩光感。

（3）有各种要求的精密视觉工作空间

在各种各样的视觉作业存在的空间中，照明设计成整个房间共同配光均匀照射，这样无法满足不同视觉作业的要求，所以最好是可以单独控制配光。在动画工作室的例子（"东映动画大泉工作室"P18）中，为了满足各种各样的工作内容和工作人员的要求，在照明灯具上设置了可动型反射板，这样就可以单独调整配光。反射板的目的是使来自灯的光在任意方向上都可以最大限度的效率照射，在此，可能有人担心会因镜面反射形成眩光，但是，通过在反射板上挖出条纹状沟槽，从而控制了眩光的产生。这个例子的思路很清晰，为了单独调整配光，使用了反射板，为了控制反射板的眩光，用沟槽来实现。如此一来就可以满足各种视觉作业的要求。

4.7 | 在实际空间中控制日光眩光

4.7.1 控制日光眩光和导入日光

办公室和学校等视线相对在水平方向以下的空间中，来自日光的眩光比人工照明的更严重。控制眩光的基本方法是降低高亮度部分的亮度，使高亮度部分难以进入眼睛，前者可以通过降低窗户位置来解决，而后者则是控制窗面亮度，但实际上由于存在直射日光，控制眩光的方法会更加复杂。如图 10 所示，在使用灯具扩散膜等的情况下，对于直射的日光，可能会在更多方向和位置上让人感觉到刺眼。

从太阳的运动轨迹来看，在所有季节、所有时刻，直射的阳光一点都不会通过窗户射进来，那么室内将会失去很多风景和日照。如果想获得这些好

处，要么是控制日照射入的角度，或者是在窗户附近的空间上做文章。

控制直射日光，从热（不开空调）负荷的方面考虑的话，外面的挑檐、转角墙、百叶板等都是有效的手段。另外，在很多时候，室内可使用可动装置，这一点对于直射日光也很有效。想要在办公室等地方使用可动装置，最好配备自动控制功能。通过适当的控制算法，根据室外状况确保节能和舒适性。

（1）固定装置（百叶板）

根据窗面方位的不同，外置固定百叶板在减少日晒热负荷和控制眩光方面极为有效。以"PeptiDream 本部·研究所"（P8）为例，他们的设计是通过在窗户设置 PVC 膜外置百叶板来防止桌面直射阳光。根据 DGP 出现频率的研究结果，窗面的方位是北～东，所以除了 3 月和 9 月的 8—10 点以外，几乎没有眩光。

（2）固定＋可动（百叶板和百叶窗）

遮光架也是一种日光利用装置，伸向室内外的中檐，上半部窗负责采光，下半部窗负责视野，两个功能分开。采光部是中檐上表面，使直射日光反射后射到室内的天花板。负责视野的部分，通过

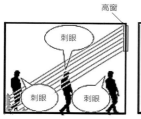

[图 10] 直射日光下的视线方向

专栏 04-01

利用日光变化的采光装置

电致变色玻璃（electrochromic glass），也被称为智能玻璃（smart glass，特别是在海外多被称为智能玻璃），是通过在玻璃板中加入化学物质，施加电压、电流来改变色调和颜色浓度而形成的玻璃。

如图 1 所示，因为能够在保

持透视性的状态下顺利地改变透光率，所以不会阻碍视线，能够对窗面亮度进行控制，从而控制眩光。另外，通过与 Low-E 多层玻璃等组合使用，可以附带隔热效果，起到节省能源的作用。虽然性能因产品而异，但可见光透光率可控制在

0%~70%，日照热负荷也可控制在 5%~50% 的范围内。由于需要发生化学反应，所以调光速度无法瞬时变化，但从技术角度，调光也就需要几分钟。根据室外的季节和天气来控制的话，几分钟足够了。

（平岛重敏）

图 1 调光玻璃示意（AGC 提供）

中檐防御了直射日光入射，能够看到外面的风景，获得天空光。阳光经由采光部（中檐上半部的窗户）直射进来，但由于是向上光束，所以对于位于中檐以下的室内人员来说不会感觉晃眼。对于负责视野的部分（下部的窗户），在中檐长度相对于太阳高度不够长的情况下，最好有可动的遮光装置。在"AKEBONO 医院"（P26）案例中，多床室的窗户下半部分使用了卷帘，将光线引导到远离窗户的室内深处的病床，设法抑制靠近窗户病床上的眩光。

通过和遮光架相同的思路，人们还开发了既可利用日光，又能确保视野，还可以控制眩光的百叶窗（专栏 04-02）。

（3）自动百叶窗和挑檐

在安装了自动控制百叶窗的办公室案例（P4 "SAKURA GALLERY 山樱东京分店"）中，不只依靠百叶窗，还用挑檐来减少直射到室内的阳光，并且在窗户附近设置了类似会客区的缓冲带。此外，即使在相同的空间内，因视点位置不同，眩光程度也不同，所以室内人员以眩光最严重的位置为基准来控制百叶窗，那么整个室内都不会有眩光了。

（4）性能可变型玻璃

通过改变玻璃的透光率等性状，可以控制照射到室内的光量，这与控制眩光也是有关系的。专栏04-01 中提到的电致变色玻璃是能够保持透明性而

专栏 04-02
兼顾眩光控制和采光的百叶窗型装置

T-Light Blind 新宿中心大楼

关于到目前为止的采光装置和日射控制装置，在做方案的阶段应考虑是否需要这些装置，它们是否会遮挡视线。本产品基于普通百叶窗，通过条形板的滑动形成独特的形状来减少眩光，采光不受太阳光变化影响，室内深处也可以正常采光，而且向外看时还不影响视野。

因为是百叶窗，所以通用性高，既可以用于新建建筑的窗户，也

可用于旧窗更新。本产品的结构包括采光部和遮光部，采光部可获得采光和视野，设置在天花板附近；遮光部可遮住不必要的光线，减少眩光。

采光部形状特殊，且对采光板进行了表面加工。采光板的形状是根据光照环境模拟结

果确定的，能够有效导光。可以将滑动角度固定，常年将阳光引导到室内，所以不需要电动能源。关于采光板的表面加工，上表面是镜面加工，能将太阳光照射到室内；下表面作为扩散面来抑制眩光。办公人员附近的遮光部与普通的百叶窗一样，可以上下调整滑动板的角度。采光部的采光板角度接近水平状态，因此室内人员的视线能够通过板片看到外面，感受到室外的状态（图 1）。

（鹿毛比奈子）

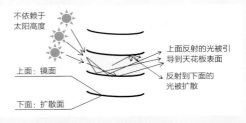

图 1　采光板（导板）的截面示意图

仅改变透光率的调光玻璃。但是，如果像热致性液晶那样扩散性发生变化，有可能使原本大致平行的直射日光向多个方向扩散，反而会增大眩光，这点需要注意。

4.7.2 意料之外的眩光

1. 反射眩光

反射眩光在意想不到的时候会产生。特别是直射阳光在桌子和纸面上反射进而进入眼睛时，亮度非常高。反射部分的范围在很多情况下是极小的，即使视线稍微移动，高亮度部分也会随之移动，会更加让人不舒适。这时需要注意窗户周围的光泽面。

图11是百叶窗板上的反射光。百叶板条遮蔽了直射的阳光，但是在某些视线方向会产生高亮度部分。

[图11]百叶窗的反射光

为了防止这种情况的发生，在百叶窗技术的例子（P4 "SAKURA GALLERY 山樱东京分店"）中，为了将直射的日光照射到室内，在百叶板条上表面进行了镜面加工，下表面则为了防止眩光而进行了扩散面加工。

2. 建筑物表面反射光引起的光害

经常有报道称建筑物反射的直射阳光会给其他建筑物的室内人员带来眩光，严重的话反射光甚至会导致光害成为社会性问题。由于现在建筑用的大多是高反射率油漆、高反射率玻璃、金属、太阳能电池等，使建筑物表面直射日光的反射概率增加了。

图12是窗外正对面建筑物反射的光通过百叶窗射入室内的例子。即使没有使用上述特殊材料，也可能会发生这样不得不返工修改的问题。所以在设计时需要尽量模拟对周围环境的影响。

[图12]建筑物表面的反射光

还有的案例是把设置在窗面外侧的照相机用作传感器来控制百叶窗，防止建筑物表面的反射带来二次光照导致眩光，但是，这样的后果是大家会把百叶窗彻底关上。考虑眺望视野和日光照明的平衡，这种做法也应该引起大家的注意。

4.7.3 可以接受的眩光

日光根据时间、天气等因素时刻发生变化，所以如果不是可动型装置，只是单纯以最严格的眩光基准进行控制的话，那估计就没有任何日光照明了。如果想要日照，就需要对眩光稍微宽容一点。在可以允许眩光存在的办公室案例（P12 "大林组技术研究所技术站"）中，把窗户附近的区域用作通道，优先考虑了空间开放感和昼夜节律等日照的优点。

而且还有如透过树叶让人感到舒适的阳光，如果不进行视觉作业，这种程度的眩光会变成令人满意的 "斑驳光点"。例如，图13所示的风景是太阳在水面的反射光带来的眩光。特别是当水面摇曳时，视线也会随之移动，高亮度部位也是在晃动的，与图11所示的百叶窗上的反射光相似，但这并

[图13]太阳在水面的反射光

非一定会令人不舒适。水幕百叶窗（P20 "东京大学 综合图书馆分馆"）敢于大胆将水和日光两种元素结合起来，尝试制造让人舒适的眩光。

现在的眩光指标没有考虑光源亮度的波动（变化），也没有考虑让人愉快的眩光。根据场合的不同，日光眩光的容许范围（限制值）可以很灵活，或者可以用舒适眩光来抵消让人不舒适的眩光。

（岩田利枝）

参考文献

1) Illuminating Engineering Society of North America（IESNA）. 2000. The IESNA lighting handbook. New York, USA: Illuminating Engineering Society（2011）.

2) Cobbs, P.W. and Moss, F.K: Glare and the four fundamental factors in vision, Transactions Illuminating Engineering Society, 1928, pp.1104-1120

3) JIS Z 9110: 2007 照明基準、日本規格協会

4) CIE Technical report Discomfort glare in interior, CIE 117,（1995）

5) Luckiesh, M. and Guth, S.K.: Brightness in visual field at borderline between comfort and discomfort（BCD）, Illuminating Engineering 44, 650-670.1949

6) JIS Z 9127: 2011 スポーツ照明基準 日本規格協会

7) Hopkinson, R.G.: Architectural Physics: Lighting, Her Majesty's Stationary Office, 1963

8) Tokura, M, Iwata, T, Development of a method for evaluating discomfort glare from a large source, Experimental study on discomfort glare caused by windows part 3, 日本建築学会計画系論文報告集、489, 17-25, 1996

9) Wienold, J. Christoffersen, J.: Evaluation methods and development of a newglare prediction model for daylight environments with the use of CCD cameras, Energy and Buildings 38（7）743-757.2006

10) Wienold J., Iwata T., Sarey Khanie, M., et al.（2018）. "Cross validation and robustness of daylight glare metrics". Lighting Res. Technol. 2019; 0: 1-31 doi: 10.1177/ 1477153519826003

11) Iwata, T. Osterhaus, W. Assessment of discomfort glare in daylit offices using luminance distribution images, CIE conference on Lighting Quality and Energy Efficiency, 2009

12) Pierson, C., Wienold, J. and Bodart, M., Daylight discomfort glare evaluation with Evalglare, Buildings 8, 94, doi: 10.3390/buildings8080094, 2018

13) Wienold J., Dynamic daylight glare evaluation, Proc. of Building Simulation, 2009

14) CIE CIE 232: 2019 Discomfort caused by glare from luminaires with a non-uniform source luminance, DOI: 10.25039/TR.232.2019

15) 日本建築学会編、建築環境工学用教材 環境編、日本建築学会、2011

16) 日本建築学会編、昼光照明デザインガイド、彰国社、2007

17) Wienold J., Dynamic simulation of blind control strategies for visual comfort and energy balance analysis, Proc. of Building Simulation, 2007

第 5 章

空间的氛围

在做光照方案的时候，有多少人认为满足视觉作业的亮度就足够了呢？一般说光照方案，可能有人认为是根据房间用途在第 2 章（P78）叙述的视认性的基础上，控制光的量就行了。但并不是所有情况都必须清楚地看到东西。比如，和亲友团聚时，能感受到彼此的表情就好了；如果是在音乐鉴赏等环境中，也不需要有过度的视觉刺激。

重要的是"空间的气氛"。能够按照自己的想法控制氛围才能体现设计者的能力。因此，本章将以空间的亮度为中心，介绍一些影响空间气氛的要素。

5.1 | 空间的明亮程度 ≠ 照度

空间印象的基础是"空间的明亮程度"。如果无法控制一个空间是明亮的还是黑暗的，那么就谈不上有什么其他的印象。首先我们会介绍空间的亮度。

在设计整体照明的空间时，一般从 JIS Z 9110[1] 或 JIS Z 9125[2] 中规定的照度值入手。虽然这些照度值被广泛使用了很久，但有两点是希望大家了解的。

第一，一般意义上，为了实现特定用途的视觉作业需要满足某个照度值，但实际上照度是根据用途决定"视觉作业 + 空间的明亮程度"的指标。上述 JIS 标准从"各个视觉作业所要求的条件""安全性""视觉舒适性、舒适性等心理、生理因素""经济性""实际经验"各角度规定了维持照度。

以办公室为例。首先，从"安全性"的观点出发，参照《劳动安全卫生规则》第 604 条[3]，最高标准的"精密作业"所需照度为 300lx，"普通作业"为 150lx。作为"视觉作业所要求的照度"，在第 2 章"视认性"（P78）中也介绍了原等人所

展示的"等易读曲面"（图 1）[4]。根据该调查，20 多岁的实验对象看印刷品，印刷品是白纸（反射率 80%）上用黑字（亮度对比 0.8）写的 9.5 号的文字，从距离 30cm 的地方看的时候，80% 的人回答易读时的照度值约为 120lx。另外，考虑高龄者的视觉特性，根据冈岛等人的研究[5]，老年人需要的照度是年轻人所需照度的 2 ～ 3 倍甚至更高，约为 360lx（顺便说一下，引用文献[5] 因为涉及区域水平差异，所以这个假设是相当保守的）。

综合以上情况，为了满足视觉作业，照度约为 400lx 的话就足够了。但是，维持照度是 750lx。剩余部分是"视觉舒适性、舒适性等心理、生理因素""经济性""实际经验"所需的光量。

第二，与上述相关，视觉作业以外的要素所需光量不应该用桌面照度来定义。桌面照度，是指到达桌子表面上的光量，如果连桌面都要背负让人对空间拥有好印象的责任，那这包袱也太重了。例如，我们来看图 2 的 N4.5 和 N9.5 构成的空间。

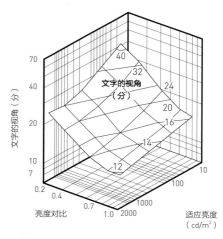

[图 1] 等易读曲面

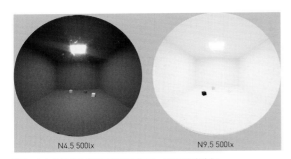

N4.5 500lx

N9.5 500lx

[图2] 内部装修材料亮度不同的同一地板照度空间

N4.5 和 N9.5 是芒塞尔颜色系统的表示方法，N 表示中性色，数值表示明度，数值越大明度越高。简单来说，这两个数代表的是内饰反射率不同的两个空间。两个空间的地板照度都被调整为 500lx，但空间给人的印象并不相同。从这个例子可以看出，即使照度相同，空间给人的印象也大不相同，特别是空间的明亮程度给人的感觉不一样。内部装修材料用 N4.5 的空间让人感觉比 N9.5 的空间更暗。虽然这是相当极端的例子，但一味依赖特定面照度，只凭明亮程度来打造印象的话，很有可能会失败。

5.2 | 空间的明亮程度 ≈ 亮度

那么，图 2 为什么无法给出相同空间明亮程度也相同的印象？那是因为亮度不同。如果是学过光的人，应该看过图 3 这样的图。照度只不过是入射在某个表面上的光量，而不是到达人的眼睛里的光量。表示到达我们眼睛的光量的是亮度，即使照在某个面上的光量相同，如果那个面的反射率低，那么到达眼睛的光量就会变少，给人的印象是暗的。

为了验证这一点，很多人研究了与空间的明亮程度对应的物理量[6]~[11]，每个研究都是基于亮度

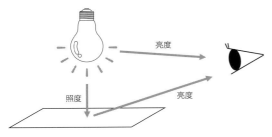

[图3] 照度与亮度的关系

分布进行的。

5.3 | 从特定面的照度到多个面的亮度设计

如上所述，仅以照度为切入点进行设计的难点，不仅是因为照度不等于到达眼睛的光量，还有的是仅通过某个特定面就决定了整个空间的照明。

为了解决这个问题，有些指标考虑地板面和桌面以外的设计指标，给出了与天花板和墙面相关的目标值。一种是欧洲标准（DIN EN 12464-1）[12]，设定了桌面照度以及天花板、壁面照度。另一种是 AIJES-L0002 "照明环境基准·同解说"[13]，区分了两种照明，即为了确保空间明亮程度的环境照明以及为了确保视认性和视觉作业的目标照明，规定了天花板面、壁面亮度（表1）作为环境照明的最低推荐值。

无论哪一种指标，都是从仅看桌面的单一照射面延伸到了天花板和墙面，与以前相比应该是在进步的，不过，各指标关于照度和亮度的差异也需要了解。照度很容易计算，因为可以利用传统的计算系统（模拟软件等），所以使用照度数据是很容易的。而要想决定亮度指标，存在计算系统重构等技术方面的问题，但是比起这些，如何敲定内部装修材料的影响更大。若照明设备设计和外观设计、室内设计隔离开来，各司其职的话，是不可能设计出好的空间的，也就是说，这个指标其实是隐含了各方面应通盘考虑之后再做方案的思想。

[表1] AIJES-L0002 天花板亮度·壁面亮度的摘录 ※

作业、活动或用途	对应的房间或空间的例子	L_{wm}	L_{cm}	目标面	E_t
行政办公	行政办公室	20	15	桌子上表面	500
会议、集会	会议、集会室	15	10	桌子上表面	300
书库作业	书库	10	7.5	地板面	200

其中 L_{wm}：壁面平均亮度（cd/m²）
　　　L_{cm}：天花板面平均亮度（cd/m²）
　　　E_t：目标面的照度（lx）
除此之外，本规格还记载了基于室内统一眩光评价方法的 UGR、一般显色指数 R_a、目标面的照度均匀度 U_t。

※ 注意：这里是设计时不低于该值时的参考（不是设计目标值）。

5.4 | 工作·环境照明的思考方法

我们有必要探讨用于视觉作业的明亮程度（工作）和用于打造空间印象的亮度（环境）之间的关系，该照明方法就是工作·环境照明。这种照明方式的优点是能够根据目的来分配光量，但是很多情况下这一点并没有被用起来。例如，在办公室等处，可以用常规照明加台灯来降低整体照明输出的方法，如图4所示。

[图4]一般的工作·环境照明（不好的例子）

只使用整体照明时，来自天花板的光可以同时满足工作照明和环境照明。对视觉作业非常重要的工作照明，其优势是可以通过下射配光让很多光线射入，但是一旦导入工作照明，整体照明的主要目的（照亮桌面）就没有意义了。这样的话，空间的照明还能否称得上是工作·环境照明？好不容易使用了两种照明方法，却完全没能实现角色区分，整个情况令人遗憾。

那么，怎样才能实现真正的工作·环境照明呢？我们得了解，就像以下公式那样，光与距离有一个平方反比定律，即使是相同的亮度，受照面的距离越远，照度越低。

$$E = \frac{I}{r^2}$$

式中　E——照度；

I——光源发光强度；

r——从光源到受照面的距离。

也就是说，越从远的地方照射，让表面明亮的效率越低，所以理想的状态是从想照亮的地方附近照射。

例如，在"PeptiDream　本部·研究所"（P8）案例中（图5），有悬挂照明灯具等，从接近天花板的位置照射天花板，桌面等则用工作灯来满足所需的光量。这是因为图中的虚线区域即使充满了光，人也无法察觉，所以这部分光对人来说是没有

这里的光对空间的亮度和桌面的亮度都没有贡献

[图5]理想的工作·环境照明（好的例子）

意义的，去掉了这部分无用的光是十分合理的[①]。

这种方法称不上新颖，勒·柯布西耶（Le Corbusier）在萨伏伊别墅（Villa Savoye）也用到了这种方法，如图6所示。在没有照度标准的时代，建筑师们并不拘泥于价值，对光源应当照射哪些地方做出了恰当的判断，这点值得借鉴。

照明灯具

[图6]萨伏伊别墅的内部

由于天花板高度的关系，在很难安装吊挂式灯具的情况下，像"柏田中医院"（P30）那样使用凹槽灯带等照明手法也很有效。在医院里，设想患者躺在床上的情况，那么使用这种照明手法的天花板光源不会让人感到晃眼，既可照明且不产生眩光，一举两得。

5.5 | 利用日光的空间明亮程度控制

如图7所示，在有窗户的空间中，因为是自然采光，所以很多设计相应降低了人工照明的输出。但是，如果有窗户的话，根据室外的明亮程度，人的适应水平会提高，所以即便照度相同，有窗和无

---

① 这里以工作照明被限定在桌子上表面的情况为例，如办公室。但在"津市产业·体育中心·SAORINA中央体育馆"（P42）中，对于需要充分看清不知道会飞向哪里的球类的情况，需要光线充满整个空间，平时看不到光的地方也需要足够的照度。关于让整个空间都布满光的方法，请参考5.7。

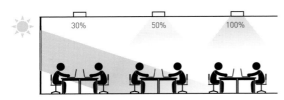

[图 7] 日光联动控制的示意

窗给人的印象也不同。

还有种思路最近不怎么被提及了，在 20 世纪 60—70 年代有 PSALI（Permanent Supplementary Artificial Lighting in Interiors）的说法。白天的日光是主光源，不足的部分用人工照明来补充，但是室外越亮，室内的人工照明就应该越明亮，以维持平衡。若引用松田的文献[14]，则 PSALI 的目的如下所述。

①为了满足必要的照度，补充那些仅通过自然光来采光的设计不足部分。

②通过看到窗外明亮的天空，眼睛的适应度会变高，在室内也不会让人感觉昏暗。也就是说，通过人工照明来提高室内的亮度，防止来自天空的眩光。

①的一般性想法虽然是与现状相通的，但更有特点的是②。为了确保室内明亮的印象，通过人工照明来提高亮度。实际上，从图 8 来看，Hopkinson 等人[15]认为从窗口看到的天空亮度和与之平衡的人工照明照度的关系是，天空亮度越高，人工照明补充的照度值也越高（原本是需要提高墙面的亮度，墙面是直射日光和天空的光都不会直接照到的地方，所以图 8 的纵轴不应该是照度而应该是亮度，

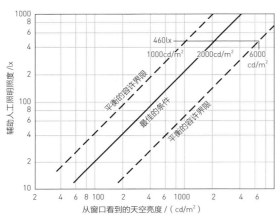

[图 8] 与从窗口可见的天空亮度平衡的辅助人工照明照度

但是在当时，在使用整体照明的前提下，照度就代表了亮度）。

PSALI 的想法在国际上是一致的，但是由于之后的石油危机等，能源问题比视觉舒适性更受重视，上述无论昼夜都满足一定照度的照明控制成为主流派。然而，使用 LED 实现节能、用百叶窗等提高窗面亮度，从这些控制技术开始，可选项不仅有提高人工照明的输出，还可以控制窗面亮度，于是人们关注的焦点再次回归到补充辅助照明，确保空间明亮程度符合视觉舒适性。例如，专栏 05-03（P114）的照明控制使用了百叶窗和人工照明的输出控制，以保持一定的明亮程度，与 PSALI 一样，控制的方法是越靠近窗户，人工照明的输出越高。

另外，有的方案还给出了根据室内平均亮度求出的窗面平均亮度（以下称为 75% 容许壁面亮度）的公式[16]。表 2 表示的是不同内饰反射率按公式求出的 75% 容许壁面亮度值。这是以空间是办公室为前提进行评估的结果，但在墙壁和天花板等内部装饰的反射率较高的情况下，从结果上看亮度也是很高的。而从窗户的立体角（意味着窗户外观的大小）可以看出，若距离窗户远，平均亮度稍低也可以。

[表 2] 相对窗面亮度 75% 容许壁面亮度

反射率（%）	窗面亮度/（cd/m²）	窗的立体角/ω					
		0.05	0.10	0.20	0.40	0.80	1.00
30	500	21	29	41	57	79	88
	1000	35	48	67	94	131	146
	2000	57	79	111	155	216	240
	4000	94	131	183	255	355	395
50	500	35	49	68	95	132	147
	1000	58	80	112	156	218	243
	2000	95	132	185	258	359	400
	4000	156	218	304	424	592	659
70	500	49	68	95	133	185	206
	1000	81	113	157	219	305	340
	2000	133	185	259	361	503	560
	4000	219	305	426	594	829	922

5.6 | 影响空间明亮程度的因素

空间的亮度预测公式有多个。从照明设计现场也可以听到很多意见，大家都认为各自的方案更好[17]，实际上虽然每个方案多少有些不同，但基本的思路有很多共通的地方。

影响空间明亮程度的主要因素有两个。

1. 平均亮度

如果想要掌握空间的大致亮度，则算出想要推测亮度范围内的平均亮度即可。可以认为该平均亮度的增减与空间的亮度增减是相对应的。对于没有办法模拟平均亮度的情况，可以先求出照度分布和内饰反射率，之后通过以下公式转换成亮度分布。

$$L = \frac{\rho}{\pi} \cdot E$$

式中　L——亮度；

　　　ρ——内饰反射率（假设均等扩散面）；

　　　E——照度。

另外，虽然有人说不知道内饰反射率的值，但是如果知道了芒塞尔体系明度（V），则可以通过下述简单公式获得内饰反射率的近似值。

$$Y \approx V(V-1)$$

式中　Y——反射率；

　　　V——明度，而且V在$2 < V < 8$范围内有效。

用求出的亮度分布计算平均亮度时，有几何平均值和算术平均值两种。假定在办公室中安装密封灯、墙面照明灯、吊灯的空间里，比较两个值后，可以发现算术平均亮度与空间的明亮程度是基本一致的[18]，所以建议使用算术平均亮度。对此虽然并没有明确的视觉原理，但照度作为长期使用的照明概念，再考虑照度的加权，算术平均值是有意义的。顺便说一下，要比较数值大小的话，正如韦伯-费希纳定律（Weber-Fechner law）所示，用对数来考虑问题这一点和传统思路是一样的。

2. 亮度分布的变动

即便空间的明亮程度和平均亮度相同，如果明亮程度分布不均匀，那么给人的印象也不同。而且，根据分布不均匀的产生方式不同，其不均匀的倾向也不同，这听起来很拗口。比如说，勒·柯布西耶的"朗香教堂"设置了很多小窗户，普通住宅在墙壁中央开了窗户，这两种分布不均产生方式不同，分布倾向也不同，这样想可能更容易理解。表3是简化方式，但是，即使在高亮度部分和低亮度

图1　彩色玻璃施工案例（住宅）（AGC 提供）

部分的对比等于 85cd/m²：10cd/m²（数值是假定的，所以没有特别的意义）时，如左图所示，有很多细微的变化（以下称 A），比如在小立体角处分散配置了许多高亮度部分，有提高空间明亮程度的效果[19]；如右图所示，高亮度部分的立体角大，如果是改成集中配置高亮度部分，则变化很大（以下称 B），可能会产生负面效果，无法提高空间的明亮程度[8]。

[表 3] 亮度变动的图像

A. 变动较小	B. 变动较大
空间的亮度上升	空间的亮度降低
算术平均：22.0cd/m²	算术平均：22.0cd/m²
几何平均：14.1cd/m²	几何平均：14.1cd/m²

除了刚才的窗户例子，比如，如果在地铁通道上设置了高亮度数字标牌等，这就意味着室内有大面积的发光部，比起相同平均亮度且亮度分布均匀的空间，明亮程度要低。如果有枝形吊灯等小发光部，会产生亮闪闪的高亮度部分，那么整个空间的明亮程度会提高。

另外，虽然没有明确的大变化和细微变化的界限，但是根据坂田等人的说法[11]，这个界限差不多在立体角 0.02～0.1sr 之间。以这个值为准看明亮程度，看是更明亮还是更黑暗，来控制照明的分布。另外，关于该变化的程度，由于没有充分的研究数据，所以无法定量地表示，但是我们可以知道大变动降低空间亮度的效果更强。所以，想提高空间明亮程度给人的印象是很难的事情。

我们在前面提到了要重视算术平均亮度，而且从采样间隔（模拟时以怎样的间隔获得亮度分布）的观点来看，也是算术平均亮度更好。因为即使在同一空间，几何平均亮度也会因采样间隔的不同而在计算结果的值上产生差异。例如，将表 3 所示的亮度分布平均到间隔每 4 个像素来降低分辨率，则得到表 4 所示的分布。表 3 中的几何平均亮度 AB 均为 14.1cd/m²，

但在表 4 中，A 为 16.6cd/m²，B 为 17.6cd/m²，两个值有差异。因为是同一个空间，所以人们对空间明亮程度的印象不可能不一样，那么这个值的差异就是误差。另一方面，两个算术平均亮度都是 22cd/m²，不会产生分辨率的影响。

[表 4] 在降低亮度分布分辨率的情况下

A. 变动较小	B. 变动较大
算术平均：22.0cd/m²	算术平均：22.0cd/m²
几何平均：16.6cd/m²	几何平均：17.6cd/m²

另外还有几个别的指标可以预测变动影响，但是因为需要相当详细的计算，所以此处省略不谈。对更详细的预测感兴趣的读者，请参考前面的参考文献[8) 10) 11]。

3. 其他（色温、彩度、光源的位置等）

基本上，通过上述两点（算术平均亮度、变动的影响）来预测、评价空间的亮度是没有大问题的，但其实还存在其他产生影响的因素，接下来会为大家介绍。

首先是色温的影响。色温越高，人们对空间亮度的印象就越好[20]。只是，虽说印象更好了，但其

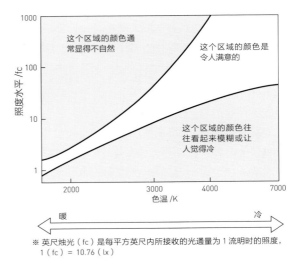

※ 英尺烛光（fc）是每平方英尺内所接收的光通量为 1 流明时的照度，1（fc）= 10.76（lx）

[图 9] 科鲁伊索夫曲线

悬挂式上下配光的整体照明

大成建设技术中心 ZEB 实证楼

传统的整体照明方式只有向下配光，但本照明方案的光，除了确保办公作业的向下照射的光之外，通过同时使用让天花板也明亮起来的向上配光（采光装置和向上 LED 照明），来兼顾光的质量和节能效果。

采光装置将直射日照反射到室内的天花板面，柔和地照射天花板，向上 LED 照明通过亮度传感器感知导光后的日光量，并进行减光、关灯的控制。即便没有日光（包括夜间），也能确保 75cd/m² 的亮度。向下 LED 照明通过与人体检测传感器检测人在 / 不在联动，从而打开或关闭照明，但由于向上的光一直存在，所以向下配光 LED 的开关不会阻碍空间整体明亮程度的连续性。

向上的光 + 向下的照明使桌子上表面照度约为 300lx，照度比较低（图 1），为了满足个体需求还设置了可调整的工作灯（最大输出为 500lx）。在实际的运用中，由于采光装置和向上的 LED 照明就让空间很明亮了，因此工作灯的实际利用率是相当低的。

（鹿毛比奈子）

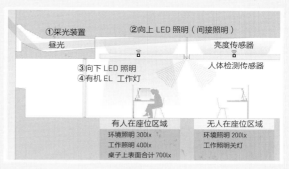

图 1　概念

差别也不大，所以此处没必要太过纠结。另外，也有报告称，如果显色性低，那么空间的明亮程度就会降低。从近年来 LED 的普及状况来看，显色性低到极端的例子几乎没有，产生这种影响的情况也很少。在实际空间中，比起人们对明亮程度的印象，影响更大的是决定空间需要什么样的明亮程度。

接下来要介绍的并不是对空间明亮程度的见解，科鲁伊索夫曲线（Kruithof curve）[22] 显示色温不同，人们喜欢的照度范围也不同。当色温较低时，人们喜欢较低的照度；当色温变高时，人们喜欢的照度范围也随之变大，并且有喜欢高照度的倾向。实验时用的光源是太阳光和白炽灯，如果用现在的 LED 等灯具，那么结果不一定会与这个结果一致。也有报告说有些部分并没有产生和这个曲线同样的结果，所以对于此曲线，我们应该谨慎对待。但是，从自然界中太阳的色温和照度的关系来考虑的话，这个曲线是很容易理解的，因为符合自古以来的传统思考方式，很多建筑的设计师受到了这个曲线的影响，如果看惯了估计就不会感到不自然了。

接下来是色彩的影响（刚才的色温说的是光色，这里说的是物体的颜色）。有人说，比起使用白色、灰色、黑色等中和色的空间，使用了"橙色""绿色""蓝色"等有彩色的空间，人们会觉得更明亮，彩度越高越会觉得明亮 [24]。即使亮度相同，彩度高的颜色也让人感觉更明亮，这被认为是亥姆霍兹 – 科尔劳施效应（Helmholtz-Kohlrausch effect）[25] 的影响。

另外，颜色的面积效果也需要一并考虑进去。在决定室内装饰的时候，内部装修、家具、窗帘等纺织物要用什么颜色，可以用小的色票（样品等）确认后再做选择，但是如果空间面积大，对颜色的感知方面，会让人感觉亮度和饱和度高（色相没有变化）[23]。比如，在室内墙壁上涂了油漆，涂之后的颜色比事先想象的还要明亮、鲜艳，和设计的意图不一样，结果不得不重新涂，这都是常见的。另外，即使不用彩色的内部装修，想做成白色的墙壁，但是如果选择亮度高的油漆，刷好的墙壁可能

光源在天花板　　　　　光源在地板

[图10] 不同光源位置照射部分的变化

会太白，导致空间变得刺眼[24]。所以，我们不仅要研究空间的亮度，也要考虑空间里色彩的影响。

除此之外，我们还需要考虑光源位置的影响。如图 10 所示，在相同光源分别设置在天花板和地板上的情况下，亮度分布只是位置上下互换 180°，平均亮度相同。但是，从室内人员的角度来看，光源设置在天花板上时，因为光从上向下照射，所以视线能看到的部分会更亮；而光源安装在地板上时，光从下面往上照射，例如抬起手臂时因为上臂等背面无法被照到，也看不见光源，所以很难感知到有光，不会觉得明亮。结论就是，人们对两个空间明亮程度的印象不同。这种倾向随着内饰反射率的降低

而变得愈加显著，因此在做方案时需要注意。

还有一点希望大家不要误会，并不是越明亮越好，也有的空间最好是全黑的。那么有人说了，这不是很正常的吗，何必又说一遍？这里只是在强调度的重要性。之所以这样写，是因为在保证了视认性的基础上，还是有用户抱怨"空间暗"。我们要考虑对象空间的用途和理想状态，希望大家能够勇敢怀疑是不是自己的方案哪里不太对劲。如果是不了解照明的人，在感到有什么不太协调的时候，最先想到的就是"明亮程度"是不是不足。如果能够满足"亮度"，那么用户的不满就会平息很多。而解决方法如果用米饭来比喻的话，先不说好吃还是不好吃，总之米饭的量要让肚子能吃饱，让肚子满足，所以关于这个基本问题，还请大家好好思考。

5.7 | 控制光的质感

光的质感是创造空间氛围的要素之一。最常见的是"柔和"的光。尽管实际上我们无法摸到光，

专栏 05-03

考虑眼睛适应状态的照明控制

传统的使用照度传感器的控制，是根据从窗口进来的日光量，调整照明装置的调光率，以实现桌子上表面照度为一定的值。如果日光多，窗面亮度高，则可以降低照明的输出；相反，日光少，窗面亮度低，可以提高输出。然而，人所感知到的空间明亮程度受到眼睛适应状态的影响。当按上述方式控制照明时，尽管

照明亮度得到了保证，但室内还是会让人感觉很暗。

为了解决这个问题，神田风源大厦用的是考虑了适应程度的照明控制（图1）。将亮度照相机设置在窗户附近测量亮度分布，来把握日光的变动，以此为准来控制百叶的角度，避免产生过度的窗面亮度。同时，根据设置在室内的亮度照相机拍的图像，

得到室内的亮度对比等信息，决定人工照明输出，人工照明的控制目标是不降低人所感知到的明亮程度。图2是控制时的亮度图像。由此看来，窗面亮度越高，照明的输出越高。这样，通过控制百叶窗和人工照明，将明暗对比控制在一定范围内，就能够保持人们对空间明亮程度的印象。

（小岛义包）

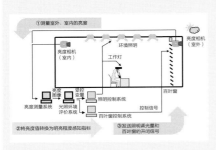

图 1　控制的原理

窗面（西北面）	窗面（西北面）	窗面（西北面）
百叶窗　　15°	百叶窗　　45°	百叶窗　　60°
照明输出　46%	照明输出　44%	照明输出　36%

图 2　控制时的亮度图像

【参考文献】

1）小岛義包ら：輝度画像を利用した照明とブラインドの協調制御システムの研究、電気設備学会誌、第 39 巻第 1 号（2019）

但仍然会用触觉词汇来形容这一感觉，是否让人产生"柔和"印象的主要原因之一是阴影的影响。

物体上产生的阴影与建模相关，用向量标量比表示。另一方面，对于空间内产生的阴影，阴影的亮度分布的倾斜度越平缓，给人的印象就越"柔和"[27]。

室内产生的阴影受入射光的出射方向（人造光源是配光特性）和内部装修材料的反射特性、内饰反射率的影响。接下来为大家介绍这三个方面的原因。

1. 入射光的出射方向

入射光的出射方向根据透射面的特性（图11）而不同。如果是规则透射的话，直射的阳光保持原本方向照进室内，如果是完全漫射的话，无论太阳高度如何，光都会向所有方向扩散。图12是窗户上安装了具有规则透射、完全漫射特性的玻璃，图片是日光的透射状况。如果是规则透射，平行光进入室内，光被墙壁或内部物体遮挡而产生的阴影部分和光直接到达部分的亮度对比，阴影明显，轮廓清晰。在上半部分的完全漫射中，入射光扩散向各个方向，因此阴影为渐变，亮度对比很平缓。希望大家同时结合专栏03-01（P89）中介绍的玻璃透视性变化来理解，选择合适的玻璃。

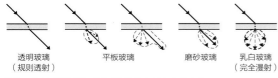

透明玻璃 　平板玻璃 　磨砂玻璃 　乳白玻璃
（规则透射） 　　　　　　　　　　　　（完全漫射）

[图11] 由于透射面不同而引起光出射方向的变化

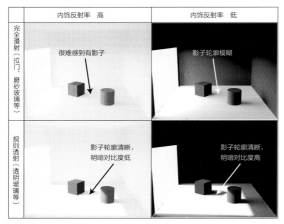

[图12] 窗户开口部材质的透射特性不同对阴影的影响

2. 内部装修材料的反射特性

内部装修材料的反射特性影响如图13所示，一次反射后光的变化与透射特性是相对的。如果窗户正对的一侧用的是大理石等镜面性（正反射）强的材料，那么从窗户射入的光会在材料上形成轮廓清晰的影子。自古以来日本的内部装修大多采用了涂料、土墙、纸拉门（和纸）等扩散性高的材料，随着明治维新以后西洋化不断渗透，日本也引进了大理石、瓷砖等镜面性强的材料。最近，专栏05-01（P111）中类似彩色玻璃的材料也被开发出来，可选范围也扩大了。镜面性强的材料能够给人带来不同的视觉印象，而且还方便打扫，如该专栏中提到的，可以用彩色玻璃代替白板，也适合用在水周围的环境里。相应的，玻璃的问题在于会产生反射眩光，如果多个面都使用这种材料的话也会产生多个阴影，这时候可以考虑仅在某一部分的面上使用玻璃等。而且，镜面性强的材料吸音效果也偏低，人在交流时声音的清晰度可能会降低。在会议室和教室等处使用玻璃，建议对使用面积和场所进行综合性判断。特别是幼儿期的孩子与大人和小学生相比，哪怕只有一点噪音，也会影响他们的注意力，他们很难听懂别人说的是什么，基于这一点，玻璃也被认为对语言功能的发展有影响等[29][30]，这一点不容忽视，所以托儿所和幼儿园等场所要配合使用吸音性能好的材料。

金属研磨面 　光泽涂漆面 　非光泽涂漆面 　金属粗糙面 　镁板
（镜面） 　研磨石材 　　　　　　　　　木材 　（完全漫射）

[图13] 由于反射面不同而引起光反射方向的变化

3. 内饰反射率

内饰反射率不同，第一次反射之后反射光的强度（间接照度）也不同。间接照度的简易计算公式如下。

$$E = \frac{F}{S(1-\rho)}$$

式中　E——照度；

　　　F——光通量；

　　　S——表面积；

　　　ρ——平均反射率。

如果一个空间用的内部装修材料是全漫射体，光在空间内的表面被反复反射，那么入射的光量会被反射得越来越均匀。其结果是，不管天花板、墙壁、地板还是其他部位，间接照度都不会有很大差异（严格来说只是稍有不同）。

如图14所示，左侧是窗户，随着人走向房间的深处，实线所表示的直接照度不断减少，但双箭头表示的间接照度在整体上以相同的量在增加，形成虚线区域。直接照度产生的照度分布由开口部的大小和位置决定，而双箭头的增量由内饰反射率决定。例如，在窗边的直接照度约为1000lx、室内深处约为100lx的时候，如果没有间接照度，二者之比是10：1，如果间接照度约为500lx，则二者之比变成15：6＝5：2。如此一来，间接照度的存在让对比度变小，有缓和明暗对比印象的效果（参照图12）。

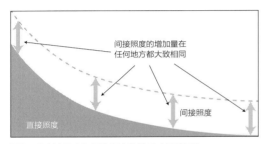

[图14] 直接照度与间接照度的关系（示意图）

图中标注：
间接照度的增加量在任何地方都大致相同
直接照度
间接照度

当然了，这也会影响阴影部分和没有产生阴影部分之间的对比度。如果要明显感知到阴影，可以使用内饰反射率低的材料。但是，如果不保证一定程度的反射率，会无法看到阴影，所以得看希望什么样的阴影效果。

现在大家应该已经理解了上述公式，但是如图15所示，相对于反射率的提高幅度，间接照度增加的幅度会更大，所以希望大家在理解这一点的基础上再选择内饰反射率。

安藤忠雄的"光之教会"就是区分使用这三个要素的案例。在这个建筑中，光从混凝土墙壁上的十字架形开口部照射进来，令人印象深刻。那个墙面的空隙形成的十字架如此美丽，甚至带给人某种紧张感，是因为开口部的透射特性是规则透射，加上内饰反射特性是漫射，不会产生多余的影子和

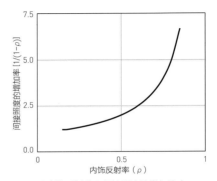

[图15] 内饰反射率和间接照度的增加比率

纵轴：间接照度的增加率 [$1/(1-\rho)$]
横轴：内饰反射率（ρ）

光泽，反射率低，对比度高。而"彼得之家（小圣堂）"（P58），入射面的玻璃具有适度的漫射性，像聚光灯一样照进来的太阳光轮廓变模糊，通过降低地板面的反射率来降低整个房间的平均反射率，墙壁作为光的照射面其反射率也应适度设得高一点，可以很好地控制光的渐变等。

另一方面，在"SAKURA GALLERY 山樱东京分店"（P4）中，开口部的透射特性接近完全漫射，内饰反射率也高，因此空间被各种方向的光填满，给人一种柔和的印象。如果是视觉作业等的空间，手边也不会有阴影，不会影响手头的工作。

无论上面哪一个作品，都不是偶然的产物，而是设计师用心选择了材料、颜色、反射率，仔细控制光源来自哪个方向、是怎样性质的光，在这种种努力之下，终成大作。衷心希望本文能为大家创造出新的光照环境空间提供些许参考。

（加藤未佳）

参考文献

1） JIS Z 9110　照明規準総則（2011年改正版）

2） JIS Z 9125　屋内作業場の照明規準（2007年制定版）

3） 労働安全衛生規則　第4章　採光及び照明（第604条 - 第605条）（2015年改正版）

4） 原直也他：文章の読みやすさについての多様な設計水準に対応する明視3要素条件を示す「等読みやすさ曲面」、日本建築学会環境系論文集　第575号、pp.15-20（2004）

5） 岡嶋克典：高齢者の視覚特性と必要照度、照明学会誌　第96巻、第4号、pp.229-232（2012）

6） Loe, D. L., Mansfield, K. P., Rowlands, E：Appearance of lit environment and its relevance in lighting design：Experimental study, Lighting Res.Technol. 26（3）,pp.119-133（1994）

7） 小林茂雄、中村芳樹、木津努、乾正雄：空間の輝度分布が室内の空間の明るさ感に与える影響、日本建築学会計画系論文集、No.487、pp.33-41（1996）

8） 加藤未佳、太田裕司、羽入敏樹、関口克明：光の到来バランスを考慮した空間の明るさ感の評価、日本建築学会環境系論文集 68巻 568号 pp.17-23（2003）

9） 山口秀樹、篠田博之：色モード境界輝度による空間の明るさ感評価、照明学会誌、Vol.91、No.5、pp.266-271（2007）

10） 高秉佑，魯斌，古賀誉章，平手小太郎：輝度のばらつきを考慮した空間の明るさ感の予測に関する基礎的研究，照明学会誌，Vol.97, No.8, pp.429-435（2013）

11） 坂田克彦、中村芳樹、吉澤望、武田仁：日本建築学会環境系論文集 82巻 732号 pp.129-138（2017）

12） EN 12464-1:2011,Light and lighting - Lighting of work places - Part 1: Indoor work places

13） 日本建築学会環境規準 AIJES-L0002-2016 照明環境規準・同解説、日本建築学会

14） 松田宗太郎：PSALIとは、照明学会誌　56巻5号 p.269（1972）

15） R. G. Hopkinson, J. Longmore：The Permanent Supplementary Artificial Lighting of Interiors, Trans. Illum. Engng 24（1959）121

16） 水木祐太　他：昼光利用における窓面と壁面の好ましい輝度対比に関する研究　その3 - まぶしさ評価とコントラストバランスの許容範囲 -、日本建築学会大会学術講演梗概集（2013）

17） 加藤未佳：空間の明るさ設計の現状 - アンケート調査結果の報告 -、照明学会誌 Vol.103、No.12、pp.503-506（2019）

18） 加藤未佳、沼尻恵、山口秀樹、岩井彌、坂田克彦、鈴木直行、原直也、吉澤望：空間の明るさ指標としての画像測光による平均輝度の適用性の検討、日本建築学会環境系論文集　84巻 766号、pp.1059-1066（2019）

19） Akashi, Y., Tanabe, Y., Akashi, I. and Mukai, K.：Effect of sparkling luminous elements on the overall brightness impression：A pilot study, Lighting Res. Technol. 32（1）, pp.19-26（2000）

20） 加藤未佳：光源の色温度が空間の明るさ感の知覚レベルと生活行為ごとの要求レベルに与える影響、日本建築学会学術講演梗概集　環境工学Ⅰ、pp.515-518（2016）

21） 金谷末子、橋本健次郎：ランプの演色性と明るさ感、照明学会誌 67巻 Appendix号 p.111（1983）

22） たとえば Kruithof A. A.：Tubular Luminescence Lamps for General Illumination. Philips Technical Review. vol.6, pp.65-96（1941）

23） Steve Fotios：A Revised Kruithof Graph Based on Empirical Data, LEUKOS, 13：1, 3-17, DOI：10.1080/15502724（2016）1159137

24） 山口秀樹、篠田博之：視野の色彩分布が空間の明るさ感に与える効果、日本建築学会学術講演梗概集　環境工学Ⅰ、pp.129-130（2012）

25） VA. Kohlraush, Zur Photometrie fabiger Lichter, Das Light, 5, pp.259-275（1935）

26） 佐藤仁人、中山和美、名取和幸：壁面色の面積効果に関する研究、日本建築学会計画系論文集 67巻 555号、pp.15-20（2002）

27） 青森県立美術館　面白い空間が一部の高齢者の不満に、日経アーキテクチュア 2010年2月8日号、pp.40-42

28） 加藤未佳、関口克明：影から判断する光のやわらかさ、日本建築学会環境系論文集 78巻 685号、pp.255-26（2013）

29） 川井敬二：幼児の言葉の聞き取りに対する室内音響条件の影響　実音場における音節明瞭度試験、日本建築学会大会学術講演梗概集、pp.103-104（2018）

30） Guidelines for Community Noise, World Health Organization, Geneva（1999）

第6章

光与健康

6.1 | 与紫外线打好交道

说到光对健康的影响，我们最切身的体会是紫外线对日晒、斑点、皱纹等的不良影响。来自太阳的辐射能量中，能在我们日常生活中使坏的紫外线是 UV-A（波长为 315～400nm，长波长紫外线）和 UV-B（波长为 280～315nm，中波长紫外线）[1]。UV-B 会给皮肤带来像诸如晒伤、晒黑这样所谓的烧伤状态、急性反应。UV-A 与皮肤老化等慢性反应有关。另外，UV-C（波长在 100～280nm 以下，短波长紫外线）在臭氧层不被破坏的情况下，会被臭氧层吸收，但是一旦没被臭氧层吸收而辐射出来，就会有损伤生物 DNA 的风险（导致人体细胞的突然变异和癌化等）[2]。

虽然来自太阳的 UV-A、UV-B 都能到达地面，但如图 1 所示，在建筑内部 UV-B 基本可以通过玻璃窗来防止。吸热玻璃、热反射玻璃、类似 Low-E

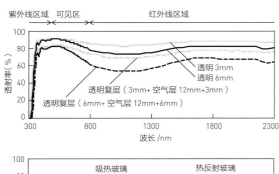

[图1] 各种建筑玻璃的光谱透射率

玻璃的着色玻璃、金属膜涂覆的玻璃，都可以大幅削减 UV-A。

紫外线对介意晒黑的人来说无异于大敌，但其实紫外线对我们的健康也起着至关重要的作用。图 2 是由紫外线辐射引起的人类皮肤红斑作用曲线（不良影响）和促进体内维生素 D_3 生成的作用效果曲线（良好影响）[3]。维生素 D 有保持血钙浓度稳定的作用，可以促进食物中钙的吸收，防止生长期的疾病，维持成人期的骨量，防止骨质软化症等骨骼生长异常症[4]。另外，据说维生素 D 对大肠癌、乳腺癌、前列腺癌等各种癌症也有预防效果[5]。维生素 D 有 6 种，分别是 D_2～D_7，在人体内能够有效发挥作用的是维生素 D_2 和 D_3。但是令人遗憾的是我们不能从饮食中摄取足够的这些维生素 D，需要通过适度的紫外线辐射来生成维生素 D。推荐的维生素 D 生成量是 $15\mu g$／天（从骨质疏松症预防与治疗的观点来看是 $10～20\mu g$／天），其中，根据日本人的饮食摄取基准（2010 年版），从饮食中可以摄取 $5.5\mu g$／天[6]。不到推荐值的那部分分量必须通过紫外线照射，并在体内生成。图 3 以几个城市为例，显示出了生成 $10\mu g$ 维生素 D_3 所需的紫外线照射时间。同时记录了形成最小红斑 MED（Minimum

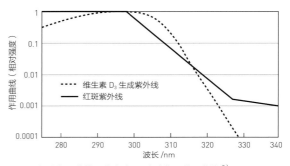

[图2] 红斑作用曲线和维生素 D_3 生成作用效果曲线[3]

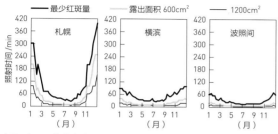

── 最少红斑量　　── 露出面积 600cm²　　── 1200cm²

[图3]一天的维生素 D₃ 推荐量生成所需紫外辐射照射时间（皮肤类型 Ⅲ）

Erythema Dose，皮肤变红引起炎症的最小紫外线辐射量）的紫外线照射时间。该图表示的是日本人最多的皮肤类型 Ⅲ 的情况，如果是其他的皮肤类型，乘以表 1 所示的修正系数可以求出必要的照射时间。按照日本青年的体表面积计算公式[7]，皮肤露出面积 600cm² 是大约相当于身高 160cm、体重 50kg 的人整个身体表面积的 4%（相当于脸和手背朝向天空的状态）。如果是皮肤露出面积的 2 倍，那么所需照射时间可以减半。根据季节时期不同，照射面积 600cm² 的话，在横滨需要 10 ～ 40 分钟，在波照间（属于冲绳县，为日本最南端的岛屿）需要照射 5 ～ 25 分钟就能生成维生素 D₃ 的推荐量，而在札幌冬季（12 月、1 月）必须照射 3 个小时以上。寒冬期在室外连续晒 3 个小时的太阳是非常不现实的。所以，在高纬度地区，冬季在室内积极摄取日照是非常重要的。

[表 1]皮肤类型分类

皮肤类型	最小红斑量 MED（J/m²）	修正系数	皮肤的颜色（非露出部分）	反映
Ⅰ	200	0.67		
Ⅱ	250	0.83	白	容易变红，不容易变黑
Ⅲ	300	1.00	白	适度地慢慢地变红
Ⅳ	450	1.50	浅褐色	不易变红，但颜色会很快加深
Ⅴ	600	2.00		
Ⅵ	1000	3.33		

从图 2 可以看出，对人类产生不利影响的波长范围和产生良好影响的波长范围几乎重叠在一起。考虑那些必须整天停留在医院、办公室等室内的人，在设计上窗玻璃和其他设备要遮挡进入室内的紫外线，同时还需要另外设置可随意享受太阳光的空间（休息室、谈话室、用来恢复精神的空间等）。由于人体内维生素 D₃ 的血液浓度是维持在一定范围的，即使晒过多的太阳也没有什么意义（UV-B 也是，如果晒太多阳光反而会导致皮肤癌）。

6.2 | 如何减轻夜间光辐射带来的健康风险

近年来，人们对健康养生的关注日益增长。影响健康的因素有运动和营养等，其中最基本的是确保良好的睡眠。

人的生理现象（体温、心跳、激素分泌等）大约以 24 小时为周期发生变动。睡眠的节奏也以 24 小时为周期，但是在一定的环境中，如果生活没有规律，过得很混乱，那么就会形成比 24 小时更长的周期（被称为自由节律）。要让自由节律与约 24 小时周期的昼夜节律①同步的最大影响因素是光。

用光治疗睡眠不良至今为止已经有很多实践[8]。但另一方面，不适当地暴露在光里也会导致睡眠不良。在社会上，因为职业关系，有些人不得不在昼夜节律周期内，在不恰当的时间段受到不合适的光辐射。比如，护士、飞行员等夜间还在工作的人们便是如此。另外，有调查结果显示，慢性睡眠不足会导致罹患乳腺癌、心脏病、肥胖的风险增高[9]。在国际癌症研究机构 IARC（International Agency for Research on Cancer）给出的致癌性分类中，按风险从高到低的顺序，轮班工作处于从上到下第二个级别 2A（对人来说可能致癌）[11]。在丹麦，经历 20 年以上的轮班工作后，如果罹患了乳腺癌，是可以获赔工伤补偿保险的。

光对人的视觉效果是由视网膜上的视锥细胞接受光所引起的，但光的非视觉效应是由五个光感受器 [S 视锥细胞、M 视锥细胞、L 视锥细胞、ipRGC（内在光敏感视网膜神经节细胞，Intrinsically Photosensitive Retinal Ganglion Cell）、视杆细胞] 的混合反应引起的（图 4）。CIE 标准中规定这五

---

① circadian rhythm，生物体的生理、生化和行为以 24h 为周期的振荡，是生物界最普遍存在的一种节律，如植物的光合作用、动物的睡眠和觉醒等。

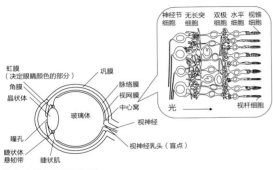

[图4] 捕捉光的细胞层

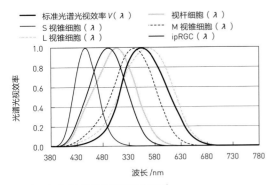

[图5] 五个光感受器的光谱光视效率[12]

个光感受器的非视觉效应可以根据图 5 所示光谱光视效率的模式和光辐射的光谱能量，定量求出公式（1）所示与非视觉效应有关的输出指标[12]。该模式被定义为各光感受器在受 ipRGC 影响的基础上的光谱光视效率。另外，公式（2）所示等效 α-opic 照度 E_α 被定义为将每个光感受器的非视觉效应程度转换为等效视觉效果的指标。其中把 α-opic 视为 ipRGC 的等价黑视素照度（Melanopic-lux、EML），用于评估 WELL 认证[13]中某一环境是否可称为正常的昼夜节律照明环境。

$$K_{\alpha,v} = \frac{\Phi\alpha}{\Phi V} = \frac{\int \Phi_{e\lambda}(\lambda)S_\alpha(\lambda)\mathrm{d}\lambda}{K_m\int \Phi_{e\lambda}(\lambda)V(\lambda)\mathrm{d}\lambda} \quad (1)$$

$$E_\alpha = K_s \int \Phi_{e\lambda}(\lambda)S_\alpha(\lambda)\mathrm{d}\lambda \quad (2)$$

式中　$K_{\alpha,v}$——α-opic 照度（W/lm）；

　　　E_α——等效 α-opic 照度（α-opic　lm/m²）；

　　　$\Phi_{e\lambda}(\lambda)$——光谱密度（W/nm）；

　　　$S_\alpha(\lambda)$——光感受器 α-opic 的光谱光视效率；

　　　$V(\lambda)$——标准光谱光视效率；

　　　K_m——明视觉中的最大光谱光视效率（=683 lm/W）；

K_s——光谱效率常数（= 72983.25 α-lm/W）。

通过该方法计算与各种光源的 ipRGC 非视觉光感受有关的指标 K_{mel}、V 时，结果如图 6 所示。现在，市场上很多普通 LED 的光源峰值波长与 ipRGC 的灵敏度峰值大致一致，因此之前有段时间人们担心 LED 照明会对昼夜节律产生恶劣影响。但是，按照现阶段的定量评价方法，白炽灯泡、荧光灯、LED 灯泡的光谱分布虽然不同，但相关色温大致相同，非视觉影响程度大致相同。在做照明方案时，除了光源的种类，还要考虑非视觉的影响，如何选择、设定（相关）色温更为重要。

像这样，针对光辐射的视觉效果，各光感受器的非视觉光接受程度可以用数值表现出来[公式（1）的分母是光束]，但五个光感受器的混合最终对人类昼夜节律能有怎样的作用目前还不确定。睡眠方面，经常使用的概念是光导致褪黑素①的分泌受抑制，这是影响昼夜节律的代表因素。有几个案例是研究夜间光暴露抑制褪黑素分泌程度的。图 7 是各波长对抑制夜间褪黑素分泌影响程度的例子，与眼睛的标准光谱灵敏度进行了比较[14) 15)]。因为每个研究人员在实验中使用的条件不同，结果也有若干不同，但是无论哪一个研究结果，在短波长侧都有抑制褪黑素分泌的峰值。起床约 14 小时后开始分泌褪黑素，再过 1~2 小时自然的睡意就会出现[8)]，傍晚以后（如果是早上 6 点起床，那么就在

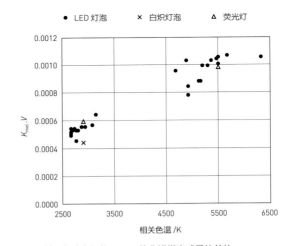

[图6] 基于各种光源的 ipRGC 的非视觉光感受的单位

---

① 褪黑素是由大脑松果体产生的一种胺类激素，在调节昼夜节律及睡眠 - 觉醒方面发挥重要作用。

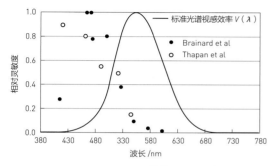

[图7] 夜间褪黑素分泌抑制灵敏度[14) 15)]

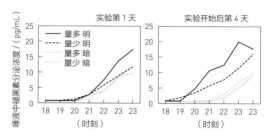

[图8] 白天的光辐射对褪黑素分泌的影响效果[16)]

晚上 8 点以后），降低照明的色温可以避免对睡眠的影响。从形成昼夜节律的观点来看，在办公室等从早到晚都要用照明的建筑物室内，最好使用可以调光、调色的照明灯具，根据时间段设定适当的光照环境，这种做法在工作环境以外的其他环境中也很有效。

6.3 | 白天积极利用光照形成良好生理效果

只看 6.1、6.2，总觉得光对人体健康只会有不好的影响。但这种认识有很大的错误。与夜间过度的光辐射阻碍睡眠相反，早上和白天的光照能加快生物钟，提高注意力和清醒水平。

接下来为大家介绍几个研究和实践的例子。

时间是 7:30—18:00，实验对象在黑暗条件（照度不足 50lx）和明亮条件（用日光和辅助人工照明，照度超过 5000lx）的实验室停留 4 天，调查了实验对象夜间唾液中褪黑素分泌和夜间睡眠状态、起床时对睡眠的主观评价，研究结果[16)]表明，早饭里的色氨酸（是氨基酸的一种，大豆制品、乳制品、谷类中含有很多。色氨酸生成血清素后会生成褪黑素）摄入量（色氨酸量多 / 量少）不同的条件下，实验开始后第 4 天，在明亮条件和黑暗条件下，褪黑素分泌的开始时间产生了明显差别。如果白天光辐射量少的话，如图 8 的灰色实线和虚线所示，夜间的褪黑素分泌就不怎么活跃了（这个实验是早上 7 点起床的，所以 14 小时后，即 21 点开始自然地分泌褪黑素）。但是，如果暴露在明亮条件下，实验开始后第4天（图8中黑色实线和虚线），19 点左右就开始分泌褪黑素，可以看到比自然的节律快 2 个小时。也就是说，白天多晒太阳比吃什么

饭更能促进褪黑素的分泌，有加快生物钟的效果。但是，白天在室内持续暴露在照度 5000lx 的光线中绝对是不现实的。如果通过自然光获得 5000lx 的话，就会包含很多直射的阳光，会有眩光，也不利于隔热。想用人工照明获得更多照度的话，又多少都会违反节能的理念。

根据各个时间段的照度、相关色温的变化对白天的工作和夜间的睡眠带来的影响，有研究做了验证[17)]，假定实验室为办公室，在办公时间内（9:00—18:00），光辐射条件（一天内照度是一定值 400lx，从早上到傍晚，从高照度到低照度变化：750lx → 200lx 缓慢减光，上午 500lx 是一定值→下午到傍晚减到 200lx，相关色温 5000K，实验中的光辐射总量相同）和回家后夜间的照明条件（桌子上表面照度 37.5lx/225lx，相关色温 3000K）相组合，比较了不同情况对夜间睡眠的影响。在办公室办公时，人们经常认为低照度会影响工作效率，造成视觉疲劳，但是如图 9 所示，如果是使用自发光的个人电脑工作，即使是在低照度环境中工作效率也不会降低。另外，即使由于显示器画面的亮度而产生

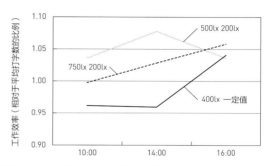

[图9] 白天的工作（英文打字）效率[17)]

的视觉疲劳（闪烁阈值变化率）有差别，但因环境照明的照度设定而对视觉疲劳造成的影响几乎是没有的。关于对夜间睡眠的影响，如图10的结果所示，首先将自家夜间照明环境设为低照度，但如果夜间无法设定为极低照度的情况下，白天办公室的照度量改成从上午到傍晚逐渐减少，那么也可以起到改善夜间睡眠的效果。

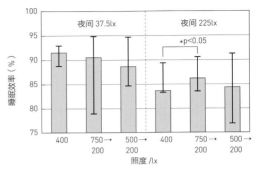

[图10] 一天的光辐射条件和睡眠效率[17]

也有人研究了即使一整天不调整照明环境，短时间的光辐射会给人带来什么样的生理效果。早上（8:30）照射6000K、1500lx的高色温、高照度光60分钟，可以有效抑制α波（该α波会在清醒的放松状态下出现，提高注意力的话可以被抑制住），会让人很快醒过来[18]。或者在午饭后产生睡意的时间段（14:30—15:30）暴露在照度100lx的光中时，如图11所示，与黑暗环境相比，在低色温光（2300K）环境下更能维持注意力[19]等。

这里介绍的研究事例都是实验（光照环境以外

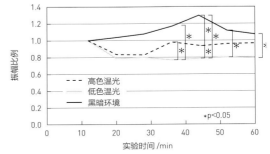

[图11] 午饭后的光辐射对α波的影响[19]

专栏 06-01

利用日光变化的采光装置

T-Light Cube 大成建设技术中心 ZEB 实证楼

一直以来，办公室照明在时间和空间上都要求均匀的光照环境，但本装置反而将季节、天气、时刻的变动当作日光的价值。①将光照引导到建筑物的深处；②能够进行不受太阳高度影响的采光；③不产生眩光感；④控制镜面反射次数，降低光量。通过提出以上4个目标，我们进行了开发工作。

本装置的截面形状与光照环境模拟和最优化计算相关，研究出室内最大采光量且不让办公人员晃眼的形

状，最终如图1所示，下侧的镜面型曲面可以接受并反射直射日光。太阳高度较高的光除外，用一个曲面向室内深处反射所有太阳光，因此能够最大限度地控制光量的减少。

实际上，在运用了本装置的办公室中，夏季的日光照度上午峰值约为600lx，下午为100～300lx（靠窗面的百叶窗全关了之后，仅测量采光装置带来的室内照度）。

（鹿毛比奈子）

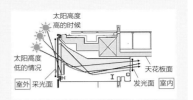

图1 不同太阳高度的导光

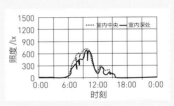

图2 室内照度变化

的条件被相对控制住）研究的结果，实际上光照环境以外的主要原因（饮食、运动、社会压力等）对人的睡眠、清醒水平等带来的影响要大得多。对于这些很有效的环境设定，大家可以积极进行尝试。

[图12] 新加坡路灯造成严重光害

6.4 | 夜光和生态系统（光对人类以外的影响）

光的非视觉影响不限于对人类。花芽的形成、落叶、稻子抽穗、家禽的繁殖·代谢机能等，这些能让人感知到时间的成长活动，无不刻有周期的痕迹。但是，在不同季节，城市等地区本来应该变暗

专栏 06-02

养老院的"支持节律的照明系统"

背景

众所周知，人类清醒和睡眠的节律比24小时稍长一些。因此，每天需要稍微调整一下节奏，使之与24小时周期一致，但是"光"作为可调整的物理因素，影响最大[1]，早上沐浴使用充足的光照是十分有效的手段。

另一方面，据说人类清醒和睡眠的节律随着年龄的增长而减弱，由于深度睡眠的减少、中途醒来的情况增加等原因，老年人生活质量（QOL）降低成为待解决的课题。相应的，需要护理的老年人夜间睡眠质量降低，看护人员的负担也在增加。

支持节律的照明系统

由可调光调色的LED照明灯具和控制系统构成的"支持节律的照明系统"被开发出来之后，运用到了养老院中。该照明系统是配合一天内的自然光，按照特定的计划来调整照明的亮度和颜色，主要用在养老院的休息室和食堂等入住者度

过很多时间的公共区域。

白天用明亮的光调整生活节奏，创造不会晃眼的柔和气氛。太阳落山后，调整照明，不影响夜间睡眠，虽然低亮度、低色温，却也不让人感到过于昏暗，是一个舒适亮度的空间。

实证实验

在用了这个系统的养老院食堂兼客厅中，为了验证效果，对入住老人及工作人员进行了实验。将早饭和午饭时合计2小时作为最低受光时间，传统照明（白色）环境下和支持节律的照明系统环境下，比较入住老人夜间睡觉时间比例与工作人员在推荐午休时间段中躺下的时间。实验结果表明，老人夜间睡觉时间的比例[①]增加了12%，工作人员躺下的时间增加了46分钟。

（向 健二）

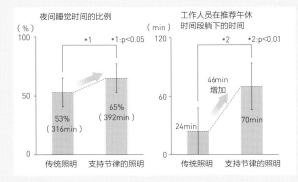

夜间睡觉时间的比例
（%）
100

*1   *1:p<0.05

50

53%
（316min）

65%
（392min）

传统照明   支持节律的照明

工作人员在推荐午休时间段躺下的时间
（min）
120

*2   *2:p<0.01

60

46min
增加

24min

70min

传统照明   支持节律的照明

① 睡眠时间与躺下时间的比例参照网页 https://news.panasonic.com/jp/press/data/2020/01/jn200109-1/jn200109-1.html

[参考文献]
1）本間研一他：生体リズムの研究, 北海道大学図書刊行会, 1989

的时间段也因为路灯的存在依然很明亮，即使到了秋天，有光线照到的区域，大米的生长成熟（种子发育、成长）会延迟，冬天落叶树也不会落叶[20]，这种光照环境的影响无处不在。设计的目标本来是打造良好的光照环境，然而人工光的选择不当或者使用时考虑不够周全导致漏光，造成的不良影响被称为"光害"。

另一方面，城市照明还有防盗、确保行人的安全、让行人放心等作用。夜间设置在室外的照明，可以为观光城市增加附加功能，让城市更为热闹。做照明方案时，要防止光害，也要确保行人安全，这两个方面不能割裂，需要整体上考虑该场所、该时间段的光照环境应该是怎样的。

光害形成的原因是在照明对象（行人通过的路面、灯光照明的外墙面等）以外的地方（天空和田地等）照射多余的光。例如，路灯、招牌照明、建筑物内照明的漏光、路灯等光被反射后形成的光，这些都是造成光害的原因。为了不使有意设置的照明被动造成光害，可从以下情况考虑。

① 选择适当的配光照明灯具，或控制配光（比如选择斗笠形状的照明灯具、安装遮光板等），以防止漏光到照明对象区域以外的地方。

② 为了防止光辐射向天空，选择没有上射光束的照明灯具。

③ 控制照明的开灯时间段。

④ 为了防止从建筑物内部通过玻璃窗漏光，夜间紧紧关闭百叶窗和窗帘等（这样一来，百叶窗和窗帘等的反射光也能提高室内的亮度）。

⑤ 农作物等方面，使用对该农作物无害的波长范围的光源。

在这些方面日本领先于世界，1998 年环境省发行了《光害对策指南》[21]（之后，考虑 CIE 于 2003 年发行的技术报告 CIE 150[22] 的内容，2006 年进行了修订）。CIE 150 在 2017 年被修订[23]，随着照明 LED 的普及，新版 CIE 150 规定了比以前更为严格的限制值。日本的照明环境在这 10 年间也发生了很大的变化，但也有调查报告显示，现在日本总人口的 7 成生活在肉眼看不见银河的地区。法国从 2008 年开始实施的《法国环境法典》，将给人、动物、植被、生态系统带来危险和巨大障碍、浪费能源、

妨碍空中观测的人造光，定为预防、禁止、限制的对象。在日本，虽然还没有立法来限制光害，但是随着技术和设计能力的提高，希望大家能够转变意识，不要过度追求明亮程度，明亮不代表富裕，提高国民素质，维持合适的夜间光照环境才是明智之举。

（望月悦子）

参考文献

1 ）CIE S 017/E: 2020 International Lighting Vocabulary

2 ）佐藤愛子、利島保、大石正、井深信男編集：光と人間の生活ハンドブック、pp.46-70、朝倉書店

3 ）CIE 174: 2006 Action spectrum for the production of previtamin D3 in human skin（2006）

4 ）日本栄養・食糧学会編：栄養・食糧学用語辞典（第 2 版）、p.531、建帛社（2015）

5 ）CIE 201: 2011 Recommendations on minimum levels of solar UV exposure（2011）

6 ）厚生労働省：ビタミンＤ「日本人の食事摂取基準（2015 年版）」策定検討会報告書、pp.170-175（2015）

7 ）蔵澄美仁、堀越哲美、土川忠浩、松原斎樹：日本人の体表面積に関する研究、日本生気学会雑誌、Vol.31、No.1、pp.5-29（1994）

8 ）大川匡子：生体リズムと光、照明学会氏誌 第 93 巻、第 3 号、pp.128-133（2009）

9 ）Blask DE: Melatonin, sleep disturbance and cancer risk, Sleep Medicine Reviews 13（4），pp.257-264（2009）

10）Filipski et al.: Disruption of circadian coordination and malignant growth, Cancer Causes and Control 17（4），pp. 509-514（2006）

11）国際がん研究機関 IARC ホームページ: https://monographs. iarc.fr/agents-classified-by-the-iarc/（2019/10/29 検索）

12）CIE S 026/E:2018 CIE System for Metrology of Optical Radiation for ipRGC-Influenced Responses to Light（2018）

13）グリーンビルディングジャパンホームページ：
https://www.gbj.or.jp/well_japanese20170821/
（2019/11/2 検索）

14）Brainard, G.C., Hanifin, J.P., Greeson, J.M., Byrne, B., Glickman, G., Gerner, E. and Rollag. M.D.: Action Spectrum for Melatonin Regulation in Humans: Evidence for A Novel Circadian Photoreceptor, J. Neurosci., 21-16, pp.6405-6412（2001）

15）Thapan, K., Arendt, J. and Skene, D.J.: An Action Spectrum for Melatonin Suppression: Evidence for a Novel Non-Rod, Non-Cone Photoreceptor System in Humans, J. Physiol., 535-1, pp.261-267（2001）

16）Fukushige, H. et al.: Effects of tryptophan-rich breakfast and light exposure during the daytime on melatonin secretion at night, J. Physiological Anthropology, 33:33 DOI: 10.1186/1880-6805-33-33（2014）

17）たとえば、Ishii, C., Mochizuki, E.: Combined effects on sleeping quality of lighting environment in the daytime and that in the nighttime, Proceedings of CIE Centenary Conference "Towards a New Century of Light", pp.1144-1152（2013）

18）仲嶋亜弓、明石行生、安倍博：光刺激制御が生体リズムに及ぼす影響、照明学会全国大会講演論文集、8-20（2012）

19）古賀靖子：照明空間の光色と昼食後の覚醒水準、日本建築学会大会学術講演梗概集、環境工学 I、pp.515-516（2015）

20）三沢彰、高倉博史：夜間照明による街路樹の落葉期への影響, 造園雑誌、53（5）、pp.127-132（1990）

21）環境省：光害対策ガイドライン（平成 18 年 12 月改訂版）

22）CIE150: 2003 Guide on the limitation of effects of obtrusive light from outdoor lighting installations

23）CIE150: 2017 Guide on the Limitation on the Effects of Obtrusive Light, 2nd edition

24）Fabio Falchi et al.: The new world atlas of artificial night sky brightness, Science Advances, Vol.2, No.6 DOI: 10.1126/sciadv.1600377（2016）